戦略論の原点

新装版

軍事戦略入門

Military Strategy:
A General Theory of
Power Control

J・C・ワイリー
奥山真司

芙蓉書房出版

まえがき

何年か前に英国陸軍元帥モンゴメリーが、（南北戦争の激戦地であった）ゲティスバーグにいたアイゼンハワー将軍のもとを訪れ、そこでモンゴメリーが約一〇〇年前に行われた戦闘のやりかたを批判して、ニュースになったことがある。この事件が風変わりだったのは、この批判がアマチュアではなくて、戦争のプロによって行われたという点である。

ところがモンゴメリー元帥の批判は、他の何千もの（他の戦争に対するものも含む）批判と特に違うものだったわけではない。これが何を暗示しているのかというと、戦略に関するコメントや批判というのは、そのすべてが実質的にその場限りの「後づけ」的なものであり、個人的な判断や思いつき、感情、偏見、もしくはその陰に自己利益が潜んでいるものと大きな違いはない、ということだ。プロがアマチュアよりも有利なのは多少個人的な経験があるという点だけのようであり、しかもその経験が実際に役に立っているかどうかが注目されたことはほとんどない。

私はアマチュアの戦略家を批判しない。その逆に、私はむしろ戦略というのは、全ての人々が関心を持つべきものだと確信している。戦略にはあまりにも多くの人間の命がかかっているため、合法的で公共的な問題であることが認識されなければならない。しかし私は社会の動向にハッキリとした影響を及ぼすこの戦略というものが「でたらめで規律のない、単なる知的な遊びである」という意見には反対である。なぜなら私はこの知的活動を進歩向上させることができると強く信じているからだ。

私はこの短い本の中で、「今までの戦略に対する考え方というのは、深みがなくて不適当なものである」という私の考えを示し、これまでの戦略を説明しつつ、それらの限界を指摘し、それから過去に広まっていたものよりも理路整然としていて建設的な戦略の考え方の基礎となるような「戦略の総合理論」というものを模索している。

私が提案する総合理論や、または他の誰かが将来提案するさらに優れた理論でも、優秀な政治学の理論が優秀な政府をつくるわけではないのと同様に、戦略の成功を保証することにはならない。しかし理論というものは、ある戦略を考えている過程で特定の事実に直面した場合や、それを実行するとき、そして後からそれを特定の目的のために批判する際などに、強固で理路整然とした思考の出発点を我々に与えてくれるものである。

我々が本当に無秩序な状況に秩序を与え、本当に予測不可能なことをうまく予測できるようになり、社会・テクノロジー面で大きな改革が起こりつつある全く新しい時代の状況に既存の経験を応用できるようになるまで、我々にはまだ多くの課題が残されている。おそらく戦略の総合理論がこのような社会・テクノロジー面での改革の細分化が重要視されていく中で果たす最も重要な役割は、我々に一本の木ばかりでなく森を見るようにさせてくれる、という点にあるのかも知れない。

私は自分の戦略理論の考察が正しいものであるかどうかはわからないが——もちろん私はそ

れが正しいものだと信じているし、そうでなければそもそもはじめからこの本を書いていないが――とにかくこのように本として出版されたのだし、後の仕事は他の誰かに任せるつもりだ。もしこの短い本に触発されて誰かが私の理論を改良・修正したり、もしくは全く別のものやより優れたものを提唱したりしてくれれば、本書は有用な目的に役立ったことになる。
これは言うまでもないことだが、本書で述べられている意見や主張などはすべて私個人のものであり、海軍省や海軍全体、もしくは国防省の公式見解を元に構成されたものではないことをここでお断りしておく。

J・C・ワイリー

一九六六年九月　ロンドンにて

戦略論の原点――軍事戦略入門●目次

1　戦略思想家と戦略

「戦略思想家」（the military mind）というのは、当然のようにキャッチフレーズである。この言葉はかなりの長い年月にわたって、いずれも途方もない愚か者か、もしくは信じられないほど間違っているような、学者ぶった、むしろ鈍いタイプの「プロの軍人」を示す際に使われてきた。この言葉はごく稀に正確な描写をする劇画のようなものだったのだ。我々にとって幸運なのは、このような軍人が今までそれほどたくさんいなかったということである。この「愚かな大佐」というのは実際それほど数が多いわけではなく、いたとしても有名になることは極めて稀なのだ。

ところが、正真正銘の戦略思想を持つ人間というのは、個人レベルでも集団レベルでも実際に存在するわけであり、このような思考が生み出したものは、過去にもそうだったように、我々の国家や社会、そして文明にまで、大きな影響を与えている。ようするに、このような事実から分かるのは、我々は偉大な戦略思想家を、他の分野の思想家ほど多く知っているわけではない、ということだ。

ところがその一方で、政治思想家についてはかなりの長い年月をかけて集中的な研究や分析が行われている。この思想自体が及ぼす効果や、この政治思想家を研究したものが持つ効果というのは、人間の社会生活に相当な影響を与えている。ロック（John Locke）がジェファーソン(Thomas Jefferson)に与えた影響、パレート(Vilfredo Pareto)がムッソリーニ(Benito Mussolini)に与えた影響、ジェファーソン、ルソー（Jean Jacque Rousseau)、ムッソリーニやウィンストン・チャーチル（Winston Churchill）が人々の生活に与えた影響というのは、あまりにも明らかなためにあえて言及する必要がないくらいだ。

同様に、経済思想家の研究も大学の中や実際に様々な経済活動に関わっている文字通り何千人もの人々に影響を与えている。そこでの関心は、「なぜ経済学で想定されている個々の人間がそのように考えて行動するのか」、つまり実際のところは、「なぜ人間はそのような行動をするのか」というところにある。実際に経済学のアイディアがどこまで人間の経済活動に影響を与えているのかを知りたければ、我々の生きている現代においてアダム・スミス（Adam Smith）やマルクス（Karl Marx)、ケインズ（John Maynerd Keynes)、またはヘンリー・フォード（Henry Ford）が与えた影響を考えてみればよくわかる。

これは他の人間活動の分野にも当てはまる。すべての社会的知識の発展というのは、ある一つの分野において人間の考えと行動の謎を解明しようとした人物達により、体系化された研究の成果としてあらわれてきたのだ。しかしこの中にはたった一つだけ、ある分野の研究が欠けている。これは驚くべきことなのだが、人間の活動のさまざまな分野、たとえば政治、経済、社会、精神などの研究の中には、社会的混乱を巻き起こす「戦争」というものの研究が含まれていなかったのだ。研究（そして実践）する人々によりよい理解を与え、しかも今までやこれからの戦争にも影響与えることにつながる考え方の基本的なパターンや理論というものを、根本的かつ体系的な客観性にもとづいて行う「戦争の研究」というものは、これが国民や国家が生きるか死ぬかという根本的なところに影響を与えるにも関わらず、今まで全く行われてこなかったのである。

このようなことを言えば、クラウゼヴィッツ（Karl von Clausewitz）やジョミニ（Antoine-Henry de Jomini）やマハン（Alfred Thayer Mahan）、それにその他数人の偉人たちの研究を、ほぼ自動的に反証することになってしまう。たしかに彼らのような人々の中には、実際の戦争で学んだ人、深く思索した人、実地調査した人、几帳面な人、教条的な人、またはありふれた決まり文句を言う人など、様々な人がいるのは確かである。しかし彼らにほぼ共通して言えるのは、特定の戦争の細かい事実や、統計などを研究してうまくやりくりした、ということだけなのだ。彼らの中では、なぜ戦争がそのようなやり方で行われるのかという疑問を明確にした者は一人もいない。なぜ兵士は兵士のように考えるのか？　なぜ水兵は水兵のように考えるのか？　なぜ飛行機乗りは飛行機乗りのように考えるのか？　これらの問題をふまえた上で実際にこれを現実に適用させていこうとすると、ある疑問につながってくる。これが「戦略の考え方というのは、その全てがある特定の状況にあてはめて使うことができるのだろうか？」というものである。

アイディアというのはとてもパワフルなものだ。これは政治的アイディア、宗教的なアイディア、または経済的なアイディアというものが、しばしば人類の歴史の流れに影響を与えてきたことを考えてみればよく理解できる。よってこれは同時に戦略的なアイディアも人類の歴史に影響を与えてきたということになるのだが、戦争というドラマの神秘的な魅力や悪臭、または生き生きとしたアクションの影にひそみながらも全体を支配している、戦略のコンセプトや理論に気がついた者は、実はあまりにもその数が少ないのだ。

もし我々がこの戦略思想家の頭脳の働きを少しでも理解できれば、その頭脳が生み出した理論のくわしい分析ができるはずだ――私はこのように感じぜずにはいられない。もし我々がこれをできることになれば、歴史を研究する際の分析ツールとしてかなり期待のもてるものになりそうだ。なぜなら、これによって「なぜその戦争に勝った（負けた）のか」ということや「なぜそのような結果になったのか」ということを理解できるからだ。しかし私が信じるところでは、このような研究の本当の利用価値は「実行に移される前の戦略を鑑定できる可能性を持っている」という部分にあるのだ。

私は本書を通じて、戦略思想家の使う考え方のパターンを分析し、彼らがどのような考え方を使っているのかを推測しようとしている。

戦略思想家のよりよい理解や、「彼らはなぜこのような意見にたどり着いたのか？」、「なぜ将軍は兵士のように考えるのか？」、「なぜ提督は水兵のように考えるのか？」、「なぜ飛行機乗りは水兵や兵士たちとは別の考え方をするのか？」、「これらのうちのどの考え方がどの状況に一番当てはまるのか？」――このような疑問は、今までハッキリと提起されたことはなく、ましてやそれらに対してハッキリと答が出されたこともないのだ。

プロの軍人がものを書くときは、大抵の場合は明確な事実と具体的なデータを示すように訓練されているものだ。こうすることによって、彼らは驚くほど正確でハッキリとした議論を行う。その一方で、アイディアを分解するような作業というのはむしろ学者向きの仕事なのだが、なぜか学者たちはこの戦略家のアイディアを分解するような作業を全く行っておらず、私は理解に苦しんでいる。すべての人間活動のエネルギーが注ぎ込まれるということからもわかる通り、戦争というのは他の何よりも確実に人間に害を及ぼすものだ。死、破壊、悲嘆、政治経済の混乱や社会秩序崩壊――戦争というのはこれらのすべてを含んでいる。ところが戦争の理論に関する問題やそれが実行された場合の効果というものを、学者たちはまさに能天気とも呼べるような態度で無視しつづけているのだ(1)。

戦争とその戦略に関する文献の貧困さは衝撃的なほどである。私は戦争について書いたすべての人々の中で、以下に述べる七人ほどだけが戦争の理解に貢献し、そのアイディアの力によってその成り行きにも影響を与えたと考えている。私が考えるこの七人を時代の古い順から並べると、マキャベリ (Niccolò di Bernardo Machiavelli)、クラウゼヴィッツ、マハン、コーベット (Julian S. Corbett)、ドゥーエ (Giulio Douhet)、リデルハート (B. H. Liddell Hart)、そして毛沢東ということになる。この中にリデルハートを含むのは時期尚早であるという意見もあるかもしれないが、私は時代が進むにつれて、彼が行った現在の問題についての専門的なコメントなどは淘汰されて、より永続的な問題について語ったもののほうが残っていくと考えている。とにかく読者諸氏がこの人選に賛同する、しないというのは、ここではあまり重要ではない。彼らがアイディアの形成に大きな影響を与え、戦争の成り行きと人々の生活に大きな影響を与えたというのは、まぎれもない事実だからだ。私が知っている限りではこの中で体系的な教育を受けた学者というのはたった一人しかいない(2)。その他の六人たちは、すべて自分の頭脳の力だけで偉業を成し遂げた人ばかりである。

この本は、今までこのように絶対に必要とされていた「厳格な学問研究」というわけではないし、私もそのようなことをはじめから狙ってはいない。本書は綿密に推論された中心的なアイディアにすべてを集約しようとはしていないため、あまり厳格な研究とは言えないかもしれない。おそらくこの理由の一つは（そしておそらくこれは唯一の理由ではないのだが）、今まで満足できるような包括的な戦略の研究――もちろんマキャベリとリデルハートはその他の人々よりもかなりいいところまで行っていたとは思うのだが――というものを私は見かけたことがない、という点にある。

戦略を研究のテーマにすることに関連して言うことがあるとすれば、まず我々には戦略をどのように研究するのかという枠組みが今までハッキリと示されたわけでもないし、それについての専門用語などはほぼ皆無である、ということであろう。まず最初に求められているのは、何かしらの包括的な理論的モデルを形成すること、そしてこのテーマに適当な専門用語を発展させること――この二つの目標である。実は私は、戦略というものは、他の社会学系の学問（もしくは社会〈科学〉という、一般的だがやや疑わしい記述をしなければならないが）と同等の知性的扱いを受けて研究されるようにならないと、この二つの目標は達成されないと考えている。戦争やそこで使われる戦略というのは、他の社会科学と同様に人間の活動を研究するものとして、このような扱いを受けるべきである。

この議論をさらに進める前に、以下の三つの点だけは明確にしておかなければならない。

第一に、我々は「戦闘」について議論をするわけではないということだ。我々が扱うのは「戦争」なのだ。たしかに「戦闘」などを扱った著書は非常に多く、ほぼ研究され尽くしていると言ってよい。しかしその「戦闘」が属している「戦争」というものを形作っているパターンや計画やコンセプトなどの研究は、驚くほどその数が少ないのだ。戦闘というのは戦争における技術的側面であり、これは工場や車の販売などが経済システム全体の活動のなかで果たす役割と同じようなものだ。私が非難しているのは（潜在的な、またはすでに応用された）戦略のシステムの理解と研究が、全く無視されているという事実なのだ。社会科学として研究されなければならないのは「戦闘」ではなく「戦争」であり、「戦術」や「テクニック」ではなくて「戦略」なのだ。

本書の目的の一つは、戦闘を分析したり、弾丸の数を数えたり、大きな地図の中で第何師団がどういう風に動いたかを調べなくとも「根本的かつ実践的に戦争を研究することが可能である」ということを示すことにある。つまり、戦争全体が研究される必要があるということなのだ。戦争の断片や戦略の重要でない部分、戦術の細かい箇所などについて語ろうとすれば、文字通りその数は無限大になってしまう。細かいデータがある一定の枠組みにそって整理されないと、そこから大きな概念を得ることもできなくなるし、最悪の場合はその研究が単なる「データの奴隷」になってしまうということを、我々は自然科学や社会科学などのつらい体験から学んでいる。よって、ある一つのコンセプトが間違っていたり誤っていることもあるかもしれないが、それでも大きな研究の枠組みは作り上げられなければならない。よってこの議論の目的は、戦争という現象を一般化し、コンセプトを形成し、そして前人未踏の研究分野に対してリスクを恐れずに最初の挑戦を行うということにある。

第二に、戦略そのものには全く「秘密」などというものはない、ということだ。「戦略の研究は門外不出だったために、今まで誰も研究を行うことができなかった」ということが、全く根拠もないままにしつこく言われ続けている。ただしこれは、敵に対して自分たちが今これから特定の状況の中で一体何を行おうとしているのか全部教えても全然平気だ、ということを意味しているわけではない。もしこれが本当だとしたら、それは単なる愚かな行為である。しかし、だからといってそれが（意識的、そして多くの場合は無意識的に戦略思想家に影響を及ぼすような）外部からのアイディアの流入を極力避けるべきだ、ということにもならない。実際はむしろその逆であり、このような閉鎖的な知的活動はいわば「知的近親相姦」になるだけであり、平凡で無能な戦略へと質の低下を招くだけなのだ。お互いに批判することもなく内輪で褒めあいながら行う知的活動も楽しいものなのかもしれないが、これは知的活動の向上にはつながらない。よって、戦略的思考の基本的なパターンというのは何か秘密のものとして考えられるべきではない。このようなパターンを多くの人々が理解すればするほど、戦略的決断を行う際の我々の民主制度が健全になるのだ。ある下院議員が軍事歳出予算を票決しようとする時――つまりこれは根本的に戦略的決断を下していることになるのだが――この議員があまりに多くの「秘密」を元にして正しい判断をしようすること自体がそもそも間違っているのだ。「戦争というのは将軍たちに任せておくにはあまりにも重要すぎる」という（訳註：クレマンソーの）格言は真実の姿をごまかしている。戦略が及ぼす影響というのは世間の目から隠しておけるものではないからだ。戦争に関するデータを研究する際に最も必要とされているのは、その分野に対する興味、技術、そして研究方式の組み合わせなのである。

我々がこれからさらに議論を進める前にハッキリとさせておかなければならない第三の点は、私は戦略というものが自然・物理のような「科学」である、もしくは「科学」とすることができるということを主張してはいない、ということだ。戦略は最も高度な知的活動だろうし、常にそうであるべきだ。そして戦略家は様々なアイディアを考える時、戦争の道具となり、現実の物質世界の操作をする戦略というものを、他の平凡なものの中から浮かび上がらせるために、正確さと明確さと想像力を持ち合わせていなければならない。したがって、「戦略」そのものは科学ではないとしても、「戦略の判断」というものは、組織的、合理的、客観的、包括的、識別的、洞察的という意味で科学的であるということも言える。たしかにこのような形容詞を並べるのは大げさかもしれないが、ある人物が「完璧な戦略家」と呼ばれるためには、最低でもこの中の一つの形容詞に秀でる必要があるのだ。

註

（1）学者たちによって過去の二〇年間で軍事関連についてかなりの数の研究が発表されているが、そのほとんどは軍事の利便性などのコンセプト的な面ではなく、現在進行中の特定的な問題に関して述べたものばかりだ。学者たちは問題解決をする人として扱われているのであり、このような「その場しのぎ的」なアプローチは、軍人の実践していることの単なる継続にしかすぎないことになってしまう。

（2）しかも彼は二番目の仕事として学者になったのだ。ジュリアン・コーベット卿（一八五四〜一九二二年）はケンブリッジ大学を卒業し、ミドルテンプルの法廷弁護士に任ぜられた。彼は一八八二年まで弁護士を続け、それから著述業に移った。一九〇二年に王立海軍カレッジの講師になり、一九〇三年にはオックスフォード大学のフォード記念講師になってから、一九二一年にはロンドン大学のキングスカレッジでクレイトン記念講師になっている。彼の海軍史についての書著には『ドレイクの成功』（一九〇〇年）、『地中海のイギリス——一六〇三〜一七一四』、『イギリスと七年戦争』（一九〇七年）、『トラファルガーの海戦』（一九一〇年）、『海軍戦略の諸原理について』（一九一一年）、そして『海軍作戦』（全三巻、一九二一〜二三年）がある。

2　戦略研究のための分析法

「戦略」は、おそらく「経済」や「政治」よりも多くの定義を持っているはずだ。戦略というのは、かなりあいまいな言葉なのだ。よって本書では、議論の焦点を明確にするために、私は次のように戦略という言葉を定義しておく。

戦略とは、

何かしらの目標を達成するための一つの「行動計画」であり、その目標を達成するために手段が組み合わさったシステムと一体となった、一つの「ねらい」である。

ということだ。この定義には、これ以降に行われる本書の議論に関連した、二つの特徴がある。

一つ目は、この定義は戦争の状況や軍事的な応用だけに限られたものではない、ということだ。私は戦略の概念がアカデミックに研究されるためには、軍事以外の分野にも適応できるという条件が必要だと考えている。それにもかかわらず、私はこれ以降の頁で数箇所の例外を除けば、わざと意識的にこの定義を戦争や軍事戦略の意味に狭めて使ったりしている。

二つ目の特徴は、我々に二項対立的な考え方を強要させるということだ。つまりこの定義によれば、戦略とはある目標を達成するための「ねらい」であると同時に「手段を組み合わせたシステム」ということであり、戦略家の考えの中にはこれらのことが含まれていなければならない。以上のような理由から、私は議論を始めるにあたっては軍事的な応用にだけに限られない、広範囲のコンセプトを持つことが前提条件であると考えている。たしかに何かしらの行動を開始する場合に、どのような結果を求めているのかをあまりハッキリさせないまま計画を準備することも可能ではある。今まで私たちが知っている以上の多くの数の人間によって、このようなことが実際に行われてきたからだ。しかし私は、いかなる戦略といえども、それが狙っている目的をハッキリと理解しないままでその妥当性を分析することは本当に困難である、と言いたいのだ。

この意味をもっと明確に示すために、先のヨーロッパで行われた大戦の最も重大な失敗の例を挙げてみよう。我々は確かに個々の戦闘で華々しく闘ったのだが、結果的には「平和」という不明瞭で矛盾しつつ、しかも実在しないような戦略目標のために戦っていたのだ。「平和」というのはそれ自体が妥当な戦略目標になるわけではないし、わざわざそのためにマキャベリ的なアプローチが使われるのは矛盾していると私は思う。

しかし私はある戦略を評価する際にはその「ねらい」と「達成するための計画」を考慮しなければならないと考えている。よって、その「評価」も二段階の過程を踏まなければならないであることがよくわかる。

ことを重ねて主張したい。この二つの段階に対してもそれぞれ個別に分析がなされるべきであり、この二つの分析は様々な状況に照らし合わせてみれば、それぞれかなり性質が異なるものであることがよくわかる。

戦略を主に二つに区別することによって、それぞれを個別のものとして見ることができるし、最初から混乱を一つ解消しておくことができる。これによってまず道徳・倫理的に「善い戦略」と「悪い戦略」に区別するという、よくありがちなパターンに対処することができる。まず我々が議論を始める前に最初に知っておかなければならないのは、戦略にはそれ自身の中に道徳・倫理的な価値が含まれていない、ということだ。戦略というのは本質的に「善い」とか「悪い」という性格を持っておらず、常に「規範」もしくは「価値」というものとは関係がない。戦略の道徳・倫理性というのは、それを見る側の人間の持つ文化的な判断基準が元になっているからだ。素晴らしい手段が「悪い」目的のために使われることもあるし、その逆に、鈍くて想像力が貧しく完全に不適切なプランが、最も崇高な目的のために使われる場合もあるのだ。

しかしながら、戦略を形成するための「ねらい」と「達成するための手段」の両方が持つ相対的な道徳・倫理性というのは、少なくとも以下の二つの理由から戦略自体の妥当性に大きな影響を与えていると言えるだろう。一つ目の理由は、もしこの戦略の「ねらい」が戦略家自身の目にも倫理的に許せないようなものであった場合、結果として自滅的なものになってしまうということだ。そして二つ目の理由は、戦略家、実行者、またはその実行によって利益を得ると見込まれている人物たちの持つ道徳・倫理性が、その戦略の「ねらい」と「達成するための手段」の両方を厳しく制限する、ということだ。このように自ら課す制限によって（それがどのような基準にのっとったものであっても)、道徳・倫理的判断というのは戦略家が使える戦略の選択の幅をかなり狭めることになるのだ。このような道徳・倫理の制限による影響というものが理解できると、過去四〇年間にわたって不可解な行動をすると考えられている共産主義者たちが、なぜ政治力やその他の力を行使したりためらったりしているのかを説明しやすくなる。核戦争の可能性などを多くの優秀な人物が分析する際に感じる不安感も、まさにこのようなことが基礎になっているのだ。戦略というのはたしかに物理や生理学のように中立的なものなのかも知れないが、それが使われる特定の状況における世間の道徳・倫理観というものは、戦略の選択の幅をかなり狭めてしまうことがあるのだ(1)。

よって、我々はここで大きな課題に直面したことになる。この議論の出発点をなんとか示すような説明はあるし、戦略には道徳・倫理面での副次的な障害が何かとつきまとうこともわかっている。では我々はここから理論面で「戦略の研究」という問題に、どのように取り組んでいけばよいのだろうか? これをどこから始めればいいのか? 戦略やそれを構成している知的な土台を調べるためには、戦争をどのように細かく分析していけばいいのか? そしてイザという時には、どのようにして優れた戦略を立てればよいのだろうか?

これに対応するには様々な方法があるが、我々自身のアプローチを決定するためには、まずこの中からいくつかの方法を選んで検証してみる必要がある。

まず古典的なものとしては、詩人や歴史家が使う分析法がある。双方とも、我々にそれぞれの独自の分析の仕方で、戦争の「ドラマ」や「データ」を、「物語」として我々に語るのだ。「ドラマ」は戦争の感情的な部分を語り、「データ」は戦争の事実を語るため、双方とも戦争の研究のために必要とされる「前置き」であるとも言える。ところが戦争を本格的に分析しようとする場合、我々はこの二つのさらに先、もしくは全く逆の方向へと進んで行かなければならない。

戦略学の研究を見ていけば誰でもすぐに気がつくはずなのだが、現在の戦争や戦略の局面を表す言葉（驚くべきことにこの分野の専門用語は豊富にあるのだ！）としてかなり頻繁に用いられているのが「防勢」(defensive) や「攻勢」(offensive)、そしてこの二つの中間として使われるのが「防勢─攻勢」(defensive-offensive) などである。この他にも一段下の段階では細かい分類──たとえば「遅滞行動」(delaying)、「妨害」(holding)、「探査侵入」(probing) など──があり、これらは専門用語として確かに重要なのだが、問題なのはそれが正確なことを示せば示すほど、その意味が専門的で限定的なものになり、我々の戦略の総合理論を作ろうとする新たな試みにとっては不向きになってしまうという点だ。

戦争と戦略について書かれたものには、このような傾向を持つものが非常に多い。もちろんそれらの内のいくつかにはかなり質が高くて有益なものがある。たとえばクラウゼヴィッツはこのような傾向を強調することによって、今まで誰も成し遂げたことのないような精密さで戦争を論じている。ところが今までこのような離れ業を成し遂げることができたのは、ほとんど彼一人だけなのだ。彼以外の人々たちはこれと似たような様々な手法を一種の戦場分析のために使ったり、同じ手法を高い技巧を駆使しながら、かなり違った形で提示したりしているのだ。第二次世界大戦中、または大戦後に作成されたアメリカ軍の参謀向けの報告書などは、戦争を「攻勢」「防勢」などの局面ごとに区別するこのようなやり方を使って作戦の経過状況を効果的に分析した傑作であろう。この手法はあまりにも効果的であったため、その後の世代に与えた影響はかなり大きいものと思える。

しかしながら、このような問題の解明の仕方は、洞察力に富む分析を我々に与えてくれたり、戦略を計画する際の実践的な応用につながったりするわけではない。このような分析を部分的に使ったクラウゼヴィッツでさえも、問題の核心――戦争から生まれる思考の戦略的なパターン――にせまっていけるほど十分に包括的かつ根本的に論じているわけではないのだ。たしかに彼は大規模な作戦の実施・運営面についても言及しており、攻勢や防勢の際の心理面への影響などについて鋭い批評を行っている。このような批評は当時や現在でもある程度の説得力を持つものなのかも知れないが、それでも我々の研究にとっては周辺的な話題でしかない。大まかにいえば、このような理由づけの基礎に立った彼の分析のほとんどは、現在の状況に応用できるようなものではないのだ。

私はこのような今日の傾向を踏まえた上で、「攻勢的／防勢的」のような分類の仕方を戦略の計画テクニックとして使うことには致命的な間違いが潜んでいると考えている。なぜなら、アメリカ軍の参謀向けの戦況報告書というのは、歴史的な事実を元にして作られるものだが、そこで使われている「防勢的」、「攻勢的」などの分類は、戦争とそこで使われた戦略を理解しやすくかつ感情的に許容できるような文脈で報告する際にとても有効となる「仕掛け」である、と考えられているからだ。

私はここで二つの異議を唱えたい。一つ目は、「攻勢」というのは、何も明らかな目的がなく、ただ単に腹いせのために行われることもありえるのであり、そういう意味では不完全な概念である、ということ。二つ目は、戦略の計画を作ることになった場合、この分析法で使われる「歴史」というものにそもそも致命的な欠点がある、ということだ。この方法というのは必然的に「後付け」にならざるを得ないのであり、何かが起こった後で初めて意識されてくるようなものなのだ。このような分類が行われる以前には「事実」というものが重視されるべきなのは当然なのだが、もしその「事実」がまだ起こっていないということであれば「そうなることが推測させられる」ということになる。これはつまり「攻勢」「防勢」などの分類を元にした戦略について、あらかじめ何かを考える以前に「何かしらの状況が推測されなければならない」ということであり、例えば「防勢―攻勢」という分類では、ある戦争で起こることを予測する際に、意識的であれ無意識的であれ、どっちつかずの態度を示していることにもなってしまうのだ。このような細かい部分についての批判などは本書の後半でまた詳しく取り上げるつもりだが、とにかく私はこのたった二つの異議だけで、「今のままではこのような分類法が我々をより優れた戦略の思考パターンの分析へと導いてくれない理由」としてすでに充分であると考えている。

戦争を理論面から分析するためのもう一つの方法は、「戦争の原則」を導き出すというやり方である。このような分析方法は、軍事関係者や著述家たちが軍事関連のテーマについて書く際によく好んで使われる。

このような「原則」（principle）中でも、すでに知れわたっているものは十数個あり、そのうちの半分は、それを提唱した人々の身近なところで発見されたものを応用したものである。それらの中には「目標の原則」、「攻勢の原則」、「集中の原則」、「警戒の原則」などがある。

人類が歴史の進行と共に賢くなるに従って、このような原則の質も向上してきている。この中には数年前に注目されたある原則のように、時間を越えて輝きを放つような智恵を持ったものがある。例えば過去何十年かにわたって、戦争で勝つためには「協力の原則」が最も大切である、ということが言われ続けてきたことがあったが、たしかにこれはある程度正しいものだったのかもしれない。しかし、アメリカ国防省創設の最初の法律制定の際に行われた激しい議論の最中には様々な概念の再検討が行われており、結果的に「協力の原則」という言葉は公式文書から削除されている。その代わりに採用されたのは「司令系統の統一性の原則」という言葉だったのだ。

このような原則というのは、明確でシンプルな永久不変の真実のことであり、全く疑いの余地がないような性格のものだ。「赤軍は軍事力を集中させることによって七二年に白軍を倒した。黒軍は軍事力を集中させることによって八六年に緑軍を倒している。故に、集中させるということ自体が勝利のために絶対に必要となる」ということになる。これによって我々は人類が何百年の間に得た真実、つまり「集中の原則」という不変の真実に到達することになる、というのだ。我々は通常このようなやり方で「原則」を紹介されることになるのだが、これは同時に論理的に全く意味を成さないことでもある。

このテーマに関する論文や講義などでも、このようなばかげた原則の使われかたは、「優秀な指揮官はこの原則を何時どのように適用すればいいのか、そして何時どのようにこの原則を破ればいいのか」ということを説明する際に、極めて顕著な形で現れることが多い。ところが私が知っている限りでは、このような原則が実際に戦略を生み出す際に活用されたような例を私は今まで一度も見たことがない。

私はこのような原則というものの実体は「合理化への試み」であり「常識を使った分類」であると考えている。そもそも私は「常識」ということを教えることが必要なのか、もしくはそれが可能なことなのかどうかという所まではよくわからない。しかし戦略の分析や理解というものはこのような稚拙で軽々しい「常識」などというものと混同されるべきではないことは充分承知しているつもりだ。誤解されることを承知で言えば、「戦争の原則」などというものを信奉するということは、ある種のスローガンのようなものを、無意識的に「思考」というものに置き換えているだけであり、おそらくこれは意識的、もしくは無意識の内にその土台とされている、根本的な理論となるものに秩序や体系がない場合、必然的に存在する「知的不定形」が原因となっているものなのだ。つまり私がここで指摘したいのは「人畜無害だが全く役に立たない知的無秩序というものが存在する」ということなのだ。

現在アメリカやイギリスでより洗練された戦略研究のアプローチとして広く使われているのは、軍事面と密接な関わりのある社会面へと意図的に焦点を広げ、有望な戦略家を育てようとするやり方である。これには政治的、経済的、そして社会的な要因などが軍事戦略に与える影響を考えることが含まれる。このような研究が行われれば、戦略家が生み出す戦略の質を上げることにつながるはずである。しかし軍事戦略家が考慮しなければならない環境や条件などの要素の数を増やしたり、戦略の社会面をその考えに統合させようとしたりしても、これがそのまま戦略的思考を生み出すことにつながるわけではないし、この思考のパターンをより良く分析できるようになるわけでもないのだ。

以上のようなこと以外にもこの問題を分析していく方法はいくらでもあるのだろうが、私が今まで見てきたところでは二つの方法があり、今後の章でも説明していく。まず一つ目が、実行される戦略の「パターン」を元にして分析するものであり、二つ目がコンセプトや理論を基礎において分析するやりかただ。この二つとも一般的に充分知られている方法ではないのだが、私はとりあえず有望なやり方だと考えている。この二つはある面で重なり合っている部分もあるが、二つ目の（理論的な面から見ていく）方法のほうがより包括的で根本的であるために、研究する価値は高いといえる。

それぞれ見ていけばわかるはずだが、この二つは現在分析のために一般的に使われているものとは異質なものだ。よってこの二つの方法は、現在活躍中の戦略思想家や、アカデミックな戦略家の研究や歴史分析などによって、さらに発展させられて有効に使われる可能性を持っているのだ。

註

（1）戦略における道徳・倫理的な要素についてのやや違ったアプローチから研究したものに関しては、Henry E. Eccles, *Military Concepts and Philosophy* (Rutgers. 1965), pp. 32-34. が参考になる。

3　累積戦略と順次戦略

数年前、私はアメリカ海軍研究院が発行する『プロシーディングス』(*Proceedings*)誌の記事(訳註：参考記事A)の中で、戦略論などでは今まで認識されていなかった二つの総合的な実行パターンをベースにした分析法を提案したことがある。しかし当時も、それ以降もほとんど反響は無いが、それでも私はこの提案にはまだ重要性があると考えているので、ここでもう一度だけ簡潔に述べておきたい。

このような二つの戦略を取り扱う際に、我々は今まで戦略論では使われてこなかった言葉を使って物事を表現しなければならない(専門用語が不足しているという問題についてはすでに触れたが、それがここでは最も顕著にあらわれている)。この二つは、「累積戦略」(cumulative)と「順次戦略」(sequential)である。このような分析法は、故ハーバート・ロジンスキー(**Herbert Rosinski**)博士が一九五一年に行った、いくつかの談話の中で提案されている。ロジンスキー氏は「直接的」(directive)と「累積的」(cumulative)という言葉を使っていたのだが、今となってはこの基本的なアイディアを発展させた私の分類が、彼のものと一致するかどうかは判断できない。残念なことに、ロジンスキー博士が自分自身でこの分類を発展させるという興味深い作業を充分には行っていないからだ。

我々は一般的に戦争というものを、すでに起こったことから自然的に進展させるものであり、今までに起こっていたものに左右されるような、不連続の段階や動きによって構成される一連の現象として考えるものだ。すべての不連続または個別の動きの総合的なパターンは、次々と戦争全体の流れを形成するのである。戦争中のある段階において、これらの動き中で少しでも違うことが起これば、それ以降の順次的な流れは全く別のパターンになる。なぜならそこで順次的な流れが妨害されて、変化させられてしまうからだ。

第二次世界大戦の太平洋戦線における二つの大規模な軍事行動——マッカーサーによる太平洋南西部での行動と、ハワイから中国沿岸部にかけての太平洋中央部での行動——は「順次戦略」として分析することができる。ノルマンディへの上陸からドイツに至る行動や、ドイツのロシアへの侵攻も同様に分析することができる。これらの軍事行動はそれぞれ別個の行動から形成された、ある一定の段階を踏んでおり、しかも各段階は戦略家によってあらかじめ起こることがそれぞれハッキリと予想されており、それがどのような結果につながるのかも予測されるものだ。よってその実際に起こりうる結果が、その次の段階を決定し、それが次の段階や次にどのような行動をとるのか、または次にどのような行動を計画しなければならないのか、ということまで決定するのである。これが「順次戦略」という意味である。

しかし、まだ他にも戦争を実行する方法がある。これはすべてのパターンが小規模の行動の集合によって成り立っており、しかもこの小規模の行動がそれぞれ前後の順序を踏んで起こるわけではないようなタイプのものである。この小規模な行動の一つ一つは、戦争の最終結果にとってはプラスであれマイナスであれ、個別の数値のような価値しか持たないものだ。

たとえば心理戦や経済戦は、このようなカテゴリーに当てはまるだろう。なぜなら一つの作戦の実行が、それ以前に実行されたものに順序を踏む形で完全に依存しているわけではないからだ。これは「累積的」な効果を持っていると言うことができる。この「累積戦略」の実際の例としては、第二次世界大戦の大西洋もしくは太平洋戦線での潜水艦を使った作戦がわかりやすい。

太平洋で行われたアメリカの潜水艦による日本の船舶を狙った行動というのは、順序や段階を踏んでいくような戦略とはかけ離れている。このような船舶を標的にした戦争では、個別の攻撃が戦争の全体の結果にどのような効果を上げるのかが全く予測できないのだ。

このように潜水艦による船舶を狙った軍事行動などでは、一つ一つの戦闘での勝利が積み重なって（つまり累積して）結果をもたらすものである。よって潜水艦による一つ一つの攻撃作戦は、大規模な軍事行動全体の中では、たった一つの個別要因としかならないのだ。

よって、一九四一年から一九四五年の間、我々は太平洋戦線で日本に対し、二つの戦争を別々に戦っていたといえるかもしれない。我々はまずアジア大陸に向かって太平洋を横切り、日本へと到達する「順次戦略」による行動をしていたのであり、これとは別に、主に日本の経済の崩壊を狙った「累積戦略」を行っていたのだ。この二つは時間的には同時に行われていたのだが、実際のところは毎日別々の作戦として切り離されて行われていたのだ。

我々は「順次戦略」の結果というものを、ある程度の正確さであらかじめなんとか予測することはできる。ところが、我々には「順次戦略」と同時進行で行われる「累積戦略」の持つ複合的な効果というものを、全く予測できないか、もしくは予測するために最大限の努力を払おうとはしていないのだ。我々は一九四四年のある時点で、ほとんどの部分ではこの「累積戦略」の効果によって、日本を戦略的に二つの選択肢、つまり「降服」か「国家的自殺への道」しかとれないような状態にまで追い込んでいる。我々は現在でもどの時点でこれが起こったのかを正確に示すことはできないが、とにかくある時点で「累積戦略」が効果を発揮したことは確かなのだ。戦争開始の時点での日本の船舶の総トン数は六〇〇万トンであり、その直後にほぼ四〇〇万トン近くを増加させている。ところが一九四四年の末にはこの合計一〇〇〇万トンのうちの九〇〇万トンが破壊されており、すでにこの時点でこの損失を取り戻すことは不可能だったのである。ところが我々は、どの時点で日本がこの回復不能な状態に陥ったのかをよく知らないし、当の日本でさえそれをわかっていなかったのかもしれない。

よって、ここでハッキリと言えるのは、「戦争ではまったく別の二つの種類の戦略が使われる」ということである。一つ目が「順次戦略」であり、これはすでに起こった結果を元に順を追って、それぞれ目に見えるような段階を踏んでいくものである。二つ目が「累積戦略」であり、これはどのポイントになるのかはよくわかっていないが、効果を発揮するある決定的な限界点まで、あまり知覚されないような小さな成果を一つずつ積み上げていくものだ。この二つの戦略は全く両立しないというわけではないし、お互いに矛盾する戦略というわけでもない。実際の戦争の結果から見れば、この二つはむしろ相互依存しあっていることのほうが多い。

我々はおそらく順次戦略というものをすでに理解できているかもしれないが、累積戦略のほうはおそらくあまり理解できていないはずだ。累積戦略というのは伝統的に海戦の特徴であったし、航空戦の特徴である可能性もある。ところがどの著名な戦略書にも累積戦略と順次戦略の違いを意識した分析はないし、ましてや累積戦略だけで成功した有名な例も見当たらないのだ。たとえばフランス軍は海戦では伝統的に海上交通破壊作戦（guerre de course：巡洋艦を使った遊撃作戦、ゲリラ戦）を好んで使うのだが、これが単独で決定的な効果を上げたことはない。ドイツ軍は二度の大戦における海戦で、全ての力を累積戦略に注いでいるのだが、その両方で失敗している。ドイツ軍がイギリス軍に対して行った航空戦と、連合国軍側がドイツ軍に対して行った航空戦の双方を、このような面から分析すると興味深いはずだ。

しかしこのような累積戦略が、順次戦略と同時に敵の弱点を狙って使われた場合を見てみると、累積戦略の強さが順次戦略の結果を大きく左右するものであることがよくわかる。歴史には順次戦略が比較的弱くても、その陰にあった累積戦略の強さのおかげで勝利することができたという例はいくらでもある。今思いつく限りでも、アメリカ独立戦争のヨークタウンの戦い、ポルトガルにおける半島戦争、またはアメリカの南北戦争などが挙げられる。第一次世界大戦も一つの例である。第二次世界大戦におけるヨーロッパ・太平洋の両戦線でもそうなのだが、我々は累積戦略の強さによって順次戦略が決定的な効果を生み出すことになったことを充分に理解できているとは言えないのだ。

我々がこのように全く異なる二つの戦略を認識することができれば、戦略的技術における新しい時代の到来につながる可能性もある。将来においてある戦略が成功するかしないかは、目標達成のために累積戦略と順次戦略とのバランスをとり、最低のコストで最大の効果を発揮することができるかどうかによって分析されるようになるのかもしれない。もし我々が累積戦略の進捗状況や効果を的確に判断できるようになれば、今までほとんど偶然にまかせていた戦略の重要な部分を我々がコントロールできるようになるだけでなく、戦争終結後までの状況を自国にとってさらに有利な形になるようにすることができるかもしれないのだ。

よって、ここで二つの提案がある。一つ目は、我々はこのような累積戦略の存在とその力を認識し、我々の戦略の基本的な考え方の中により慎重に融合させていかなければならない、ということ。そして二つ目は、我々はこのような戦略が本当に決定的な効果を及ぼすものかどうか、そしてもしそうならば、戦争のどの時点で決定的になるのかを判断するために、今後さらに研究していかなければならない、ということだ。もしこれらが可能になれば、我々は今までよりも遥かに効果的で経済的な戦略を使えることになる。

このような戦略の考え方は、主に海戦、特に潜水艦の戦闘から着想を得ている。しかしながらこの効果は、潜水艦戦だけでなく、現在われわれが最も注目している航空戦にも適用できるのだ。ただしこの航空戦という概念には、飛行機だけなくミサイルによる戦闘も含まれていることを忘れてはならない。累積戦略と順次戦略は同時に効果を発揮するという考え方からすれば、地上戦と航空戦、地上戦と海上戦、そして海上戦と航空戦などの相互関係を的確に判断することができるようになるはずだ。累積戦略を単独に使用しただけでは戦争を決定的に左右するものにはならないことはすでに過去の経験から暗示されている通りなので、ここで重要になってくるのは、いつどのように順次戦略が累積戦略を支え、しかも順次戦略が累積戦略を土台にして力を発揮できるようになるのかを研究することである。

これを今日現在の問題に活用するとすれば、累積的な海上戦略と航空戦略、そして順次的な海上戦略と陸上戦略と間の最も効果的な組み合わせを判断する際に使う、というのが最も妥当なのかもしれない。

私はこれらの戦略を、戦略的なコンセプトを形成する際の道具的な意味合いで紹介しているのだが、ここで二つの注意点がある。一つ目が、この二つの戦略それ自体だけでは戦争全体を分析する際の基本的なコンセプトにはならない、ということだ。それよりもむしろこの二つの戦略は、今後の章でも取り上げて行くような、いくつかの戦争に関する理論、または戦争戦略を理解するために便利になる概念的な道具である、と言ったが正しいかもしれない。

二つ目の注意点は、私がこれらの戦略のコンセプトは具体的にきっちりとした数学の表にあらわして体系化できるようなものであることを示唆しているわけではない、ということだ(1)。もし私のこの新しい発見に有益な点があるとすれば、それはこの戦略がある問題に対する一つの知的なアプローチであり、二つの行動の結果を考慮する際に参考となるコンセプトであり、私はそれ以上でもそれ以下でもないと考えている。

註

(1) 著者はその後、「累積戦略」に関する考えを変えている。「あとがき――二十年後」の132頁を参照のこと。

4　戦略理論の肯定

本書のここまでの議論では、今までの戦争の研究をする際に採用されてきたアプローチの仕方——それらが長年にわたって世間一般的もしくは少なくとも実践者たちの間では好意的に理解されていたにもかかわらず——に対して、かなり批判的なものばかりであった。

戦争の研究を全面的に行っているものが極めて少ないという事実は嘆かわしいが、たしかに今まで技術的な研究以上の価値をその中に認めて、アカデミックに研究したものはほとんど存在していない。

この批判は二つのグループの人々に対して当てはまる。一つ目が、この研究に必要性を感じていない学者たちである。もし彼らの中でこのコメントに逆上するものがいるとしたら、戦争に関する論文の数と、地方都市の高速道路建設計画や一九二〇年代の預金システムにおける地方銀行の役割などのような深刻なテーマについて書かれたものの数を比べさせてみれば良い。二つ目が、自分たちの仕事のコンセプトの基礎にある根本的な問題をさらに追求しようとしていない、私も含めた軍事にたずさわる全ての人間たちである。

この二つのグループを比べれば、軍関係者に対する批判はそれほど重要ではない。なぜなら彼らはそのような問題を実際に実践・運用する人々なのであり、国家からの要請を受けて、軍事力を直接担って任務を果たしてきた優秀な人々が数え切れないほどいるからだ。

これから私が論じようと思っている三つの戦争の理論は、実際その仕事に従事している軍関係の人々にとっては比較的理解しやすいものである。もしこれが理解できないという人があるとすれば、それは彼ら自身が「確定した理論」に知らないうちに従っているか、もしくはそれに支配されていることを全く認識していないからである。意識的で分析的な理解に反するこのような誤った判断を作り出す障害は、少なくとも二つある。

まず一つ目は、戦略思想というものが直観によって構成されている例があまりにも多く、しかも軍関係者たちはキャリアの中で専門的な訓練ばかりをこなしているために、思考範囲が必要以上に狭くなっていることがある、という点だ。これによって、自分たちの考えのパターンの中に、意識的かつ分析的な理解というものを組み込むことができなくなってしまっている。全般的な戦略理論を理解することは、戦略家に広範囲にわたるビジョンを与えてくれるのだ。これは戦略家が実行できる作戦の範囲を広げることにもつながる。

二つ目に、このように直観だけに頼った戦略に縛られるようになると、これと同時に他の適度な戦略理論というものを受け入れられなくなってしまうことにもつながる。こうなってくると、自分以外の異なる理論を実践している人々——つまりある人は（陸軍の）兵士のように考え、他の人は（海軍の）水兵のように考えるということだが——の考え方との間のコミュニケーションを、部分的に妨害することにもなってしまうのだ。しかしここで注目すべきなのは、ペンタゴン（米国国防省）の内部では意見の違いが多くあるということではなく、むしろ逆に彼らの間で意見が統一されていることのほうが多い、という事実である。彼らは驚くべき意志の力や「有無を言わさぬインテリジェンスの応用」とでも呼ぶべきようなものによって、自分たちの分析の助けとなる組織的で論理的な考え方のようなものが今までほとんど存在しなかったにもかかわらず、それぞれの立場を理解し、共通の目標に向かってお互いの関係を向上させようと努力してきたのであり、これは賞賛に値する。

これは私の強い確信であるが、「今日まで知られている戦略理論の中で有効的かつ実践的であるとされているものが少なくとも四つかそれ以上ある」ということが知られるようになれば、ある戦略が実際に使われる前に、それらを集中的、包括的かつ鋭く研究できるチャンスを広げることにもなるのだ。これによって戦略家は、自分が直面している状況を客観的に分析できるし、どの概念やどのような組み合わせが最も適切なのかを判断し、自分の考えが発揮できる範囲をできるだけ広げ、その状況に合わせて自分の計画を適切に組みかえることもできるようになるのだ。

たとえばある水兵が、（空軍の）飛行機乗りの考え方を技術面や直観面ではなく分析的な面から理解できることになれば、その水兵が飛行機乗りとの議論でも相手の立場に立って考えることができ、お互いに理解できる領域がさらに増すことにもつながる。同じことは、飛行機乗りや兵士に対しても言えることは言うまでもない。私は特に後者のケースのように、飛行気乗りや兵士たちに「水兵の考え方を理解するべきだ」と考えがちなのだが、これはおそらく私が水兵であるという事実と無関係ではない。

結論から言えば、我々の戦略思想の考え方のパターンが数種類あり、この事実をさらに認識して理解することができれば、我々はより良い戦略を生み出せるようになるだろう、ということである。

ここで注意しておきたいのは、わが国の全ての軍事思想家や戦略家が軍人であるというわけではない、ということだ。彼らの中のかなり多くの人々が（おそらく兵役についた期間を除けば）人生の大部分を普通の民間人として過ごしており、しかもその内で戦略問題の研究に費やした期間が非常に短い場合が多いのだ。

しかしここでまた注意すべきなのは、提督、大将、少佐、少尉、もしくは下院議員、ジャーナリスト、政府官僚などの人々は、全員一年間の休暇をとって戦略家になるよう勉強すべきだ、と言っているわけではないということだ。引き続き戦略理論を発展させるのは学者たちなのであって、現役の軍人たちではない。しかしながら、私は戦略をコントロールしたり影響を与えたりする立場にある人間は、戦略理論というものの存在を認識しておくべきであり、このような理論が実際の軍事戦略家の考え方に意識するしないにかかわらず、確実に影響を与えていることを常に理解しておくべきであり、また彼らや彼らの仕事仲間たちが実際に仕事を行う上で使っている全般的な思考の枠組みを理解しておくべきだ、と考えている。

本題に入る前にもう一つ言っておくべきことがある。それは戦略のような、つかみどころのない分野の理論というものは、我々がこの手の内にしっかりとつかんで体感できるような、具体的に存在するようなものではない、ということだ。理論というものは、単に実態を説明したり、もしくはその理論家が本当に起こりそうな現象を説明したりするためにデザインしたアイディアなのだ。理論とは現実もしくは起こりうると想定されている出来事のパターンを、体系的かつ合理的に説明したものなのだ。理論の有効性を計測する基本的な方法は、理論から導き出される説明が、実際に起こった現実とどれくらい一致しているかを見ることにある。ある戦略理論に有効性があるとすれば、それは戦争に参加した何人かの軍人が、この理論が実戦で有効だと確信したからに他ならない。このような理論は、他人の経験やアイディアを集めてまとめたり、そのうちのどれが他の異なる状況下でも有効なのかを比較したり、実際に戦略を使う人間のビジョンを整えたり、処理しやすく実用的な形にまとめたり、そして直面した現実に適用する——というような有益な目的のために利用することができるのである。

5　今までの戦略理論

現代で一般的に知られている主な戦略の理論は三つあり、それに新しい理論が一つ加わりつつある、というのが最近の状況だ。軍人であろうとそうでなかろうと、ほぼすべての現役の戦略家は、意識するしないにかかわらず、このうちのどれか一つの理論の信奉者である。この四つの理論だが、本章では「陸上戦略理論」(the continental theory)、「海洋戦略理論」(the maritime theory)、「航空戦略理論」(the air theory)、そして毛沢東の「ゲリラ戦理論」(the Mao theory：人民解放戦争)としてそれぞれ区別されることになる。

この四つの理論の歴史や発展や成り立ちなどはそれぞれ異なるものであり、それぞれを比較評価したりするのは、多くの面から考えても難しい。

「陸上戦略理論」は、この四つの理論の中でもその構造面や明確さから見て、最もまとまりのない理論だ。この理論は一つの大きなテーマがまずその中心にあって、この周辺に数多くの実体験や常識論を加えたものなどから構成されており、ドクトリンや知識などの断片によって影響を与えられ、これらが一般的に知られていないような仮定や想定などによってまとめられ、陸軍に戦略的なアドバイスをしたことがある数少ない人間たちの著作によって制約を受けているものである。

「海洋戦略理論」というものについて書かれたものが出てからまだ何十年も経過したわけではないが、過去数百年間にわたって実践され発展してきた歴史は長い。この歴史はナポレオン戦争へのイギリスの参戦によって一度頂点を極めており、この後一五〇年間の空白期を経て、第二次世界大戦で再び実践面でのピークを迎えている。

「航空戦略理論」はすでに世界中に知れわたっているものだが、実戦経験を通じてではなく、一つのアイディアとして生まれたという点で、かなり特殊な理論である。この理論は今まで適切に実戦で応用されたことがなく、実際のところは「理論通りに実践できるわけがない」と考えている人も多い。しかし仮定や想定を限定しさえすれば、私は今日の状況から考えてこの理論の実現性は高いと考えている。

　毛沢東の政治闘争の理論は、今までの理論の中で最も洗練されたものである。この理論は他のどれよりも、それが目指す目的やそれが達成されているかどうかの基準などが、ハッキリと体系的に示されているのだ。この理論の目指す目的は政治的なものであり、その目安となるものには政治的、社会的、そして経済的、軍事的なものも含まれることから、実践される理論の狙いとリアリズムというものがよく現れている。他のどの理論よりも、この理論は今世紀（二十世紀）中に起こった社会主義革命と深い関係にある。事実として、これらの革命のかなりの部分が毛沢東の理論の実践だからだ。

1　海洋戦略理論

海洋戦略の理論は最も古くから実践されており、理論のパターンも比較的ハッキリとしたものを持っているため、最初に議論するには好都合であろう(1)。

この理論は、簡単にいえば二つの大きな部分から構成されている。一つが「**海のコントロールの確立**」であり、もう一つが「**陸のコントロールの確立のために、海のコントロールを利用する**」というものである。「海のコントロールの確立」を最初にハッキリと体系的に完全な形で説明したのはジュリアン・コーベット (Julian S. Corbett) であり、これはほんの一世代前のことである。アルフレッド・セイヤー・マハン (Alfred Thayer Mahan) もコーベットと同じことにすでに気づいており、その周辺のことについてはいろいろと書いているが、肝心の核心部分については全く手をつけていない。マハンは自分の考えをハッキリと一般大衆向けに分かりやすい言葉でまとめたわけでもないし、海戦の模範的な戦略を簡潔に述べたわけでもない。そもそもマハンが有名になったのは、海洋戦略が国家政策の基礎となる役割を持っていることを発見したからであり、これは彼を有名にするだけの理由としては極めて妥当なものである。また、二十世紀の中頃までは誰も海洋戦略理論の二つ目、つまり「陸のコントロールの確立のための海のコントロールの利用」について述べたことがなかったのだ。

しかし誰にも指摘されなかったと言って、このパターンの全容が二〇〇年以上前にはあまり理解されていなかった、ということにはならない。これはただ単に、つい最近までこのような事が一般大衆向け、もしくは理論的な言葉で説明されておらず、しっかりとした論文のような形で発表されていなかっただけの話なのだ。

「海のコントロールの確立」というのは、完全に理想的な形から言えば、海で移動する全てのものを完全に把握してコントロールするという意味になる。古代の戦争ではこのような理想的な状態の実現に近づくようなことは決してなかったが、第二次世界大戦後半の一九四四年末から一九四五年にかけては、その絶対的な度合いから言えば、この理想形がほぼ完全に達成されたと言えよう。しかし実際のところは「絶対的なコントロール」というよりも、むしろ政府が行っている程度のレベルのコントロールでおそらくほとんどこと足りるはずである。

その他の「限定的なコントロール」、「地域コントロール」、または「一時的なコントロール」などには細かい説明が必要になってくるが、ここではもっと大きな議論をする必要があるので、話を先へと進めて行こう。

海洋戦略の二つ目の「海の利用段階」というものは、第二次世界大戦以前では散発的な、いわば間接的なプロセスとして実行されていた。海の利用段階というものは、経済的圧力を支える政治的・社会的な副産物の結果として、主に経済面でその力を発揮したのである。海軍力の強さを利用した最も代表的なものとしては「海上封鎖」(blockade)があり、これと別に海軍力の強さを断続的に使うものでは、厳しい戦場にいる味方の地上軍に対して行われる戦力投入(injection)や支援(support)などがあり、これらは海上をコントロールしている国家にしか実行できないものであった。

ポルトガルやスペインにおける半島戦争でのウェリントン将軍と、ヨークタウンでのワシントンたちは、味方の海軍が先にしっかりと任務を果たしていなければ完全に手詰まりの状況に陥っていたはずである。イギリス海峡を越えようと企んでいたナポレオンにとっても目の前にある問題は山積みだったはずであり、彼はこれがどのくらい困難なことになるのかを理解できたかどうかさえ怪しいほどだ。結果的に、ナポレオンはこの計画をあっさり諦めている。この原因なのだが、おそらく彼の放った斥候（スパイ）のうちの一人が、ある戦略会議でフランスがイギリス諸島を侵略する可能性を論じていた時にセント・ビンセントのアール卿が言ったとされる「私はフランス人が来ないとは言ってない。ただ海を越えては来ないと言っているだけだ」という有名なコメントを伝えたからではないか、という説もある。

敵の要塞に猛然と突入していった男たちの数少ない例（ケベックのウォルフなどがその一例だが）を除けば、敵地の沿岸に海から直接部隊を投入するのは、何十年か前まではほぼ不可能だったのだ。水陸両用（上陸）侵攻を敵の攻撃から守り、支援し、部隊間の相互情報交換を行い、これを運営していくための技術水準や兵器などは、第一次世界大戦後の数年間には存在していなかったからだ。

海から直接敵地の沿岸に味方部隊を投入できるようになったのは、第二次世界大戦の途中からである。手ごわい敵に対して水陸両用侵攻するために必要な船、戦車などの装甲車、大砲、無線、そしてこれらを運用する技術などは、第二次世界大戦になってから可能になったものばかりなのだ。つまりこれは、海洋戦略の基本パターンが軍事的に実現できる可能性が見えてきたのが二十世紀半ばになってからだ、ということだ。「海のコントロールの確立」という第一段階において、このパターンはすでに明確だったのだが、「陸のコントロールの確立のための海のコントロールの利用」という第二段階は、そのスピードは遅くとも確実に効果はあるのだが、この効果の大部分は軍事的な面よりも経済や政治面の力によるものだったために、全体的なプロセスがまわりくどくて見えにくいものだったのだ。

海洋戦略理論の第二段階、つまり「陸のコントロールの確立のための海のコントロールの利用」において、テクノロジーが及ぼした影響の最も新しい例は、潜水艦から発射されるポラリス・ミサイルである。このミサイルがその威力を発揮するために必要なのは、発射前に敵の先制攻撃を受けないような安全な状況を確保することである。この「発射前の安全」というのは、味方がどれだけ海をコントロールできているかという度合いによって左右されるものであり、これはそのまま第二段階、つまり海から陸上への力の拡大のための基礎となるものである。ここで付け加えておかなければならないのは、この場合の「陸への力の拡大」というものが、ミサイルの破壊力にかかっているということであり、これはかなり特殊に見えるかもしれないが、コントロールを行うという意味ではそれほど奇抜な手段というわけではない。これは航空戦略理論とも深い関係があるので、この「コントロール」と「破壊」の関係については航空戦略の理論の紹介の後に詳しく説明していくことにする。

2　航空戦略理論

すでに述べたように、航空戦略理論というものは、長年にわたる実戦経験から徐々に解明されてきたパターンを体系化したようなものではなく、むしろ始めから純粋な理論として存在しているという意味で、かなり特殊なものである。

そういう意味でまず重要なのは、現代の空軍というものが、ドゥーエの理論をどれくらい参考にしているのかという点について、かなり多くの議論がなされているという事実だ(2)。現在空軍で働いている人々の多くが、このような議論になんとなく不快感を示すことが多いのだが、この問題について少しでも深く考えたことのある人のほとんどが、程度の差はあれ、ドゥーエの説明は近代のエアパワー理論の議論の出発点であることを認めている。アーノルド（H. H. Arnold）大将は『グローバル・ミッション』（*Global Mission*）という本の中で、ドゥーエの理論が知的活動を行う際の基礎であり、「我々は航空部隊戦術学校でドゥーエの理論をアメリカ向けにアレンジしたものを理論科学として、すでに（一九三〇年代の）何年間か教えている」と認めているほどだ。

よって現在の状況にどれほどこの理論が影響を与えているのかについては議論の余地があるかもしれないが、ここではとりあえずドゥーエの理論を「エアパワー理論の最も基本的なもの」として扱っていくことにする。

第一次世界大戦の直前に、ジュリオ・ドゥーエ（Giulio Douhet）は航空機の登場によって戦争の形態に著しい変化が起こることを確信し、これについての意見をイタリアの軍事誌向けに書いた一連の論文を発表し、一九二一年と一九二七年にはこれらの内容に加筆・編集したものを一冊の本にまとめて出版した。その頃、別の国で別の男達が、部分的には独自に、しかし多少はドゥーエに影響を受けながら、同じような結論に達している。

『制空』（*The Command of the Air*）(3)の中でドゥーエが示した基本的な考え方は以下の通りである。

「どのような戦争であれ、その戦争の形というものは……その時に入手できる技術手段によって決まるものである」（6頁）

「……航空機と毒ガスという二つの新しい武器……によって、今まで知られているすべての戦争の形態は完全にくつがえされるであろう……」（6頁）

「エアパワーというのは敵地のどの場所をも爆撃することを可能にしただけでなく、敵地を化学兵器や細菌兵器などで完全に台無しにすることができるようにもなった」（6〜7頁）

「今度の戦争（第一次世界大戦）で行われた破壊の半分の量が、四年ではなく三ヶ月で達成されれば充分であったことは疑いの余地がない。この四分の一の量が八日間で達成されても充分であったろう」（14頁）

「敵が攻撃するチャンスを得る前に破壊する以外に、我々には敵の航空部隊が攻撃してくるのを防ぐ実際的な手段を持っていないのだ」（18頁）

「敵の航空部隊を飛び立たせないようにするか、もしくはどのような航空活動をも行わせないように妨害するのは……論理的で合理的な考え方である」（19頁）

「一般的に、空からの攻撃は、平時用の産業や商業施設を目標に設定して行われるのであり、それには公共・民間の重要な建物、交通機関の幹線や中央施設、そして市民の住む特定の住居地域もその対象になる……これには三種類の爆弾が必要だ……爆発性のものは目標の破壊に使われ、発燃性のものは火事を起こし、毒ガス爆弾は消防部隊の消化活動を妨

害するのだ」(20頁)
「空を制するということは、つまり敵の飛行を阻止し、自分は飛行できる立場にあるという意味である」(24頁)
「空を制する国家は……地上作戦や海上作戦を支援する敵の非戦闘分野における(地上軍や海軍の航空部隊の)行動を妨害して何もできなくなるように仕向けることができるのだ」(25頁)
「制空を得ることは勝利を意味する。空中戦でやぶれることは戦争に負けることを意味するわけであり、これは敵が示すどのような講和条件でも飲むことになる……これは自明の理である」(28頁)
「この自明の理から以下のような一つの結論に達する。それは、適切な国防を確実なものにするためには、万が一戦争が起こったときに制空を得ることが必須条件になるということだ。そしてこれから二番目の結論が導き出される。それは、自国の防御を固めようとするすべての国家は、戦争になった場合に備えて、平時から最も効果的に制空を確保する手段を獲得しておかなければならないということだ」(28頁)
「この目的から少しでも離れるような決断や行動は、いかなるものでも誤りである」(28頁)
「……航空部隊に対してそれ相応の重要性を与えていかなければならない……つまり地上部隊と海上部隊の力を段階的に減少させ、それとは対象的に、制空を握れるくらいまで航空部隊の力を強めるのだ」(30頁)

「この新しい形の戦争の登場によって、我々は迅速で困難な決断を迫られることになる」（30頁）

「よって、我々は敵の仕掛けてくる攻撃に耐えつつ、それよりもさらに強力な攻撃を敵に与えるため、自分たちの全精力を注いでいかなければならない」（55頁）

「よって独立空軍は敵軍の仕掛けてくるいかなる妨害からも完全に自由でなければならない」（59頁）

「……その存在が正当化できる唯一の航空部隊は、独立空軍である」（95頁）

ここではドゥーエの言葉を文脈からはずしたり、間違った形で引用したりするのを防ぐため、わざとこのような長い文章を連続して引用したが、ドゥーエの文章にある細かい参照などはわざと省いている。これによって、私はドゥーエの重要な考え方のパターンの側面を明らかにすることを狙ったつもりだ。

もしこれらがドゥーエの考え方のパターンを知るきっかけとなれば、第二次世界大戦後の一〇年間に、航空戦略や、独立した圧倒的な空軍組織の設立を主唱してきた人々の間で行われてきた議論の流れも理解しやすくなる。このような議論に参加してきた人々の数は驚くほど多く、この中には当時でも現在でも最も尊敬されている人々の名前が含まれている。

それではここで第二次世界大戦後の十年間で出てきた、航空戦略の問題に関する主要テーマを振り返ってみよう。

・第二次世界大戦中およびそれ以降の、重爆撃機部隊の組織自立化にからんだ、航空部隊、特に爆撃部隊の独立化の議論。
・「戦場の孤立化」についての、補給路爆撃（interdiction：航空阻止）のコンセプトの議論。これは補給路を寸断する爆撃と直接戦闘支援（direct air support）の、どちらが戦場でより重要なのかということについて、飛行機乗りと兵士たちの間でかなり大きな議論を巻き起こしている（ちなみに最近ではこの両方どちらも重要で欠かすことができないという意見が一般的になっている）。
・パイロットたちのほうがより独自の行動をとらなければいけないという意見に関して、パイロットと兵士の間で起こった、戦闘現場の指揮権に関する議論。
・ドゥーエの理論の一部が一〇年ほど前に「予防戦争」と呼ばれたものと近いこと。これはかなり微妙なテーマであり、何年か前には思慮の浅い論者たちの何人かはこれを極端なところまでつきつめて主張している。現在ではこの「予防戦争」という概念の暗示しているものがよく理解されてきており、最近ではこのような趣旨で公的にコメントを発表するものはほとんどいなくなった。
・一九五〇年代に行われた、地上部隊の近接支援や、ドゥーエの理論には含まれていない同様の作戦などと比べた場合の、戦略爆撃における費用効果のメリットについての議論。
・すべてが一〇日、一ヶ月、もしくは三ヶ月ほどで終了するような、短期間の戦争についての議論。

ここでハッキリと述べておかなければならないのは、これらは今日、もしくは早くても一九五〇年代中頃に『アメリカ空軍基本ドクトリン』（United Air Force Basic Doctrine：正確には一九五五年四月に発表）の中で提示された、航空戦略の議論を正確に反映したものではないということだ。私はここで「公式な」立場を説明しようとしているのではなく、むしろ重要な知的活動の背景にはハッキリと首尾一貫した理論的な基礎があったということを示したいのだ。

ドゥーエの理論は明らかに有効性を持つものだが、この歴史を辿っていくととても興味深いことがわかる。まず第二次世界大戦以前では、ドゥーエの理論は単なるアイディアとして存在していたにすぎない、ということであり、ようやく第二次世界大戦になって初めて（少なくとも部分的には）、この理論が実戦において試されることになったのである。その結果は、これを見る人々の立場によっていくらでも解釈の仕方が違ってくる。ある人は確かに理論が証明されたというだろうし、証明されなかったという人もあれば、まだ証明できるだけのチャンスが状況的に揃っていなかったという人もいるだろう。

その結果の解釈がどうであれ、ここで一つだけ言えるのは、一九四五年の六月まではドゥーエの理論全体はかなり多くの批評家に疑問を投げかけられていた、ということである。ところがその直後に原爆が登場して、戦争の様相を大きく変化させたことによって批評家たちの意見が一変した。

核兵器というのは、それ自身で飛行する（核弾道ミサイルのような）ものを除けば、ドゥーエのアイディアの有効性を裏付ける可能性を持ったものであった。ドゥーエが毒ガスについて述べているところを核兵器と置き換えて考えてみることもできる。もし「破壊とは、コントロールすることと同じである」という基本的な考え方がその底にあることを理解できると、この理論は潜在的にかなり高い有効性があることがわかる。

現在の航空戦略理論には三つの問題点があると言われている。

まず第一が、核兵器は実際に使えるのかどうかという問題だ。この答えは軍事的な問題の領域を越えており、軍隊に必要とされているのは、突発的に核兵器が使われた場合とそうでなかった場合の両方に備える、ということだけだ。

第二の問題は、宇宙関連技術の目覚しい発展である。航空戦略の理論は果たして宇宙空間にも適用できるのだろうか?多くの優秀な人間が現在この問題に取り組んでいるが、今のところ航空戦略理論を修正したものや、その代わりのようなものが出てくるのかはまだハッキリしていない。とにかくその理論がどのようなものであれ、それが何らかの形で破壊とコントロールというものの関連性に影響を与えるのは確実である。

第三の問題にはまだ適切な答えが見つかっていないのだが、とりあえずここで簡単に述べておくことはできる。これは、どのようなコントロールの仕方がよいのか、また、実際の破壊行為、もしくは破壊をするという脅しというものは、どのような状況のときにその適切なコントロールの仕方を生み出すことができるのだろうか、という疑問である。このような問題についての判断するのは、あらゆる戦略問題の中でも最も困難なことであり、ギャンブル的な要素が大きい。

3　陸上戦略理論

以上が水兵や飛行機乗りたちの、実践的な戦略の考え方である。では兵士の場合はどうであろうか？

まず第一に彼らの特徴として目立つのは、「戦略」という言葉が持つ意味が、水兵や飛行機乗りたちの考えているものとは違う、ということである。この理由は一見しただけではわかりづらいのだが、実際は兵士たちにとってはかなり現実的な問題なのだ。これには戦略というコンセプトが実際に適用される地理的な環境が関係している。

水兵や飛行機乗りたちが世界を大きな視野で考えることができるのに対して、実戦中の兵士は、常に「戦域」や「戦役／会戦」、「戦闘」などの単位でしか物事を考えることができない（ちなみにこの右の三つの概念の意味はほぼ同じである）。

この兵士たちの戦略的な状況についての考え方というのは、主に地理的な問題に起因するものである。彼らにとって最も直接的に影響を及ぼしてくるのは、「地形」（terrain）という根本的な現実だからだ。兵士以外の人々にとって「地形」という言葉自体はあまり深い意味を持つものではないが、兵士にとってこれは全てを意味する。地形は彼らが行動する場所の持つ一定不変な特徴であり、彼らの活動にある一定の制限を与えるものである。つまり地形というのは、敵が誰であろうとも、常に兵士が直面しなければならない相手なのだ。地形というのは、陸軍のプロの戦略家たちがそれに合わせて計画を生み出さなければならない「場」なのである。

水兵や飛行機乗りたちは、海と空が持つ地理条件によって、ほぼ強制的に全世界の状況を考えたり、自分たちのすぐ目の前にある物理的制限を越えた外の世界を見なければならないような状況になるのだが、兵士の場合は文字通り、自分たちのいる場所にほぼ閉じ込められてしまっているのだ。

地形というものが行動を制限する要素であるという事実によって、兵士たちが戦略を考える際に「戦域」というコンセプトが生まれてくる。水兵や飛行機乗りたちにとって戦域というはあまり意味のないものなのだが、陸軍の司令部内では、これが地表面を見る際に、適切かつ論理的な一つの区切りとなるのだ。兵士にとっての戦略における「戦域」というアイディアは、物理的制限によって生じる「現象」であると同時に、その制限によって直接的にもたらされる「結果」でもある。ナポレオンは「自然界に存在する境界線は山や砂漠や川である」という言葉を残したが、これはまさにイギリス海峡を目の前にして完全に挫折させられた男から発せられたものであることを忘れてはならない。

地形、これは兵士が戦争を考えるときの起点となるものであり、この事実を軽視するべきではない。兵士が地面の上に存在しているという事実は誰にも否定できないのだ。地形は常に兵士につきまとうものであり、しかも人間が生きていけるのもこの場所だけだ。しかし同時に、兵士にとってはこれが基礎となるものであっても、水兵や飛行機乗りたちにとっては地形と言うものは自分たちが到達しなければならない目標の一つであるにすぎないことを忘れてはならない。しかも彼らは必ずしも自分たちが最初に出発した地形の場所と同じ所に到達しなければならないわけではないのだ。

第二に、兵士の戦略の考え方に影響を与えるのは（これは第一番目の「地形」と深い関連性があるが）、彼らが行う「戦闘の特徴」であり、これは彼らの「戦略の捉え方の特徴」をも意味する。

水兵と飛行機乗りたちにとって、敵との戦闘というのは、何度かお互いに「遭遇」(encounter)した状況の連続という断片的な形で行われる。なぜなら彼らは一旦敵と遭遇しても、その直後にお互いに離れてしまうことが多いからだ。彼らは遭遇後には進路を変更し、部隊の体制を整え、再び規定の位置に付き、各戦闘員はいつでもどこでも敵と再び戦闘を行えるように覚悟しておかなければならない。様々な事情により、水兵や飛行機乗りというのは、ほとんどの場合、敵とお互いに合意できた時にしか戦闘を行わないものなのだ。おそらくマハンや彼以前の戦略家たちも、このような理由から「遭遇」というものを元にして戦術と戦略を区別することが便利であることを理解していたのである。つまり敵と遭遇している際の実戦状態で使われる計画や運用などが「戦術」であり、それ以外のすべては「戦略」ということになるのだ。

ところがこれは兵士たちの考えには当てはまらない。彼らにとって戦略と戦術を区別する考え方、つまり戦略の適用範囲についての考え方は全く違うからだ。兵士たちにとって、水兵や飛行機乗りたちの「遭遇」という経験則は全く役に立たない。彼らは戦争が始まるとすぐに敵と遭遇するし、戦争が終了するまでひたすら敵と遭遇しつづけることがその任務であり、逆に敵を見失った兵士はパニックに陥るほどなのだ。兵士たちにとって戦術と戦略の区別はあいまいであり、そもそも彼らにとってはこの区別はあまり意味がないことなのだ。

「自分たち兵士がやることは全て戦術であり、自分たちのすぐ上の階級の上官たちがやることはすべて戦略だ」という言葉があるが、実はこれにはかなりの真実が含まれており、一兵卒から戦域担当司令官に至るまでの階級間の関係を表現しているものとしては極めて正しい。よって兵士たちは、多方面の戦場を一括担当している陸軍の指揮官が戦略問題を考えていると捉えており、彼らの間でこれに異論はない。しかしこの指揮官のすぐ下の部下からはこの戦略問題が戦術的な話に急速にすり替わっていくのであり、（地形を考慮しなければならない）戦域担当司令官は、上官からの「戦略的」な指令を「戦術的」な命令に変化させて発するという、継ぎ目のような役割を果たしていくことになるのだ。

地表は人間の活動の場であるという重要性、そして敵との遭遇は地上戦において全てであり継続的なものであるという、この二つの要素を述べてきたが、ここから兵士たちの戦略についての第三の考え方が導き出される。それは一九五〇年代中頃の『戦場勤務規則』（**Field Service Regulations**）の中の「全ての軍事行動の究極の目的は、敵の軍事力と戦闘意志を破壊することだ」（4）という言葉である。これは兵士の戦争戦略の理論的な考え方を一言で簡潔に言い表していると言えよう。クラウゼヴィッツ主義者にとっては、戦争の狙いが敵の軍事力を打ち負かすことにある、というのは自明の理である。この主張はクラウゼヴィッツの全著作を通じたテーマでもあるし、彼の後継者や解説者もすべてこの考え方を受け継いでいる。つまり敵の軍隊に遭遇してこれを打ち負かせば、全ては解決するという考えだ。アイゼンハワー大将は『ヨーロッパでの聖戦』（*Crusade in Europe*）という本の中で、部下の兵士たちに対して、チャーチル氏が政治的に達成しようと狙っていた目標の一つを指摘しながら「これについて、私はたしかに彼に大筋で賛同はするが、私は兵士であるため、このような政治的な狙いを自分自身の目標として考慮しないよう特に気をつけて対処した」と言っている（一九四頁）。

これが良いとか悪いとかの判断はここでは重要ではない。この引用の狙いは、戦争について兵士の考え方というものを明らかにすることにあるからだ。彼らの意識はただ単に敵の軍隊だけに注がれるものであり、彼らにとってこれだけは極めてハッキリとしているのだ。

兵士たちの伝統的な信条や行動パターンは、クラウゼヴィッツの中心的なテーマに全て集約されている。クラウゼヴィッツは自分の戦争の研究によって、以下のような確信に至ったことを記している。

1　敵の軍事力を破壊することは戦争の最重要課題であり、すべての行動はこの目標に向かって進められる。

2　敵の軍事力を破壊することは、たいていの場合は敵戦力との直接対決によってもたらされる。

3　敵との大規模な直接対決のみが、大きな成果を生み出す。

4　大規模な会戦で対決が行われることになると、結果は最大化する。

5　元帥が陣頭指揮を執るのは大会戦のみである……

以上のようなことから、部分的には補完的な関係にある二つの法則が導き出される。一つ目は「敵の軍事力を破壊することは主に大規模な戦闘で追及されるべきである」ということであり、二つ目が「大規模な戦闘の最重要目標は敵の軍事力を破壊することである」ということだ(5)。

クラウゼヴィッツを引用するというのは軍事戦略について書く人間たちにとってすでに長い伝統になっており、彼の著作はあまりにも厳密で探求的で洞察的であるために、政治・軍事の政策や、その関係などのほぼすべての面について考慮されている。またどの学者も指摘するように、クラウゼヴィッツは自分のテーマをあらゆる面から分析しているのだ。残念なことに彼はこれを完成させる前に死んでしまったので、整理されていないノートや論文などが、実際には「完成品」からはほど遠いにもかかわらず出版されてしまったのだ。

これによって、誰のどのような議論でも、クラウゼヴィッツからの引用を使って擁護できるようになってしまった。ところが過去一五〇年間のほとんどの学者たちは、すでに紹介したような、より率直な言葉に縛られているのが普通だ。一九五〇年代中頃の『戦場勤務規則』の中の「全ての軍事行動の究極の目的は、敵の軍事力……を破壊することだ」という言葉は、この理論の基礎が実は二十世紀中頃まで実戦で培われてきたものであることを簡潔に暗示している。

このような戦略理論は、水兵にとっての海洋戦略理論や飛行機乗りにとっての航空戦略理論と同じレベルでは比較できない。なぜならこの理論は他の二つの理論よりも遥かに単純なものだからだ。それでもこれは戦争の基本的なコンセプトなのであり、このような基礎的な部分を理解することは、兵士以外の人間が兵士の考え方というものを理解しようとする際の大きな助けとなるのだ。

たとえばこれによって、「空軍や海軍は、主に兵士を現場まで送り届け、そしてそれを後方から支援するためだけに存在している」という兵士たちの無言（もちろん常に無言というわけではないが）の意見があることがなんとなく察知できるようになる。兵士というのは敵の軍隊を戦争における主要目標として捉えるものであり、それ以外のことはこの目標の破壊達成のために必要な二次的なものとしか考えないものなのだ。兵士たちは目標達成のために必要な場所へ移動することを海軍によって妨げられたり、補給の安定した供給が邪魔されたりすることを非常に不愉快に感じるものだ。また陸軍にとって必要となる工作機械の工場の操業を空軍に必要な物資を作るために停止させられたりするのを嫌うし、飛行機乗りには谷の向こう側に見える敵戦車を攻撃して欲しいものなのだ。この事実に気づいている人は少ないのだが、実は兵士というのは「単独で戦争を遂行できない唯一の兵隊」なのである。飛行機乗りたちは空中戦で敵と格闘することができるし、敵の工場やミサイル発射台を爆撃するなど、他の軍事組織に頼らずに好き勝手な行動ができるので、兵士や水兵たちの助けは必要としない。水兵たちも海に出て敵の船を沈めたり、海を支配したり、さらには陸上にまで影響を及ぼすことができるわけで、これらすべてを自分たちが持つ艦隊や航空部隊や特殊部隊などによってこなすことができるのだ。

しかし兵士というのは単独では活動することができない。彼らの側面はがら空きで、後方は弱く、空を注意深く警戒しなければならないのだ。兵士たちは自分たちの仕事をするためには、まず飛行機乗りと水兵たちに安全を確保してもらわなければならないのだ。

このような事実は、我々が兵士の戦略の考え方をさらに深く理解するためのヒントを与えてくれる可能性を持っている。なぜならこれらの事実は、兵士たちが戦争遂行のためには自分たちの組織をどのようにしたらよいか、という考えに影響を与えるからだ。兵士は「自分たちの任務を最も効果的に行うためには他の軍事組織もコントロールして活用しなければならない」と感じるものなのだ。よって両大戦におけるドイツの軍事組織の中で陸軍兵士の立場が一番強かったことや、兵士が我が国に一定の影響力を持ち続けたことも理解できる。これを大きく見れば、ゆっくりとした統一軍事組織の形成へと向かう動きであるとも言えるし、同じようなことは、ヨーロッパの最高司令官が海軍や空軍の権限を合わせ持っている、現在のＮＡＴＯや駐欧アメリカ軍にも当てはまる。

このような動きが本当に正しいものかどうかについては何度も議論されてきた。この中には一見すればほぼ自明の理であるような議論も多いのだが、それと同じくらい疑問の余地のあるものも多い。たとえば「軍事作戦の究極の目的は敵の陸軍を破壊することにある」というのは本当に正しいかどうかについては、かなり疑問があると言える。その証拠に、第二次世界大戦時の日本の陸軍は一九四五年の敗戦時でも実質的には無傷であったし、そのほとんどは戦闘で負けていたわけではなかったのだ。（ベトナム北西部の町である）ディエンビエンフーの壊滅では、インドシナ半島の全フランス陸軍のほんのわずかな数の軍隊が被害を受けただけである。この時のベトナム独立同盟の勝因は、フランス国民がショックを受けてフランス陸軍に撤退するように要求したという、政治的な理由にあったのだ。飛行機乗り、水兵、そして政治家たちも、それぞれの立場からこの兵士の基本的な考え方に対してもっと注意深く疑うことが必要なのかもしれない。

飛行機乗りの助けを借りつつ陸軍組織の形成の考え方に疑問を投げかけたのは、水兵の功績である。一九四〇年代末から五〇年代にかけてアメリカで軍事組織に関する活発な議論が行われたが、それはこのような組織ごとの考え方に根本的な違いがあったからだ。

兵士というのは単独で戦争を遂行できないため、陸軍が海外で効率よく効果的に活動するためには、国家的に軍事組織の指令系統を統一することが必要だと考える。ところが水兵というのは兵士ほど外部からの支援を必要としないため、自分たちの任務は他の軍事組織からの介入を受けないほうが効率よく効果的に遂行できると考えるものなのだ。このような事情から、水兵というのは自分たちにとって必要なことだけは自分たちで完全に成し遂げることができると主張するのであり、確かにこれは正論であると言ってよい。

ところが飛行機乗りの立場は微妙だ。まず「戦術」面では、航空部隊は兵士と似たような状況にある。彼らにとって補給は不可欠であり、基地は防御してもらわないとまずいからだ。この点において、飛行機乗りは兵士と同じような考えを持ったのだ。ところが「戦略」面では、彼らは自分たちの任務を遂行する際に他の軍事組織の支援を必要としておらず、そもそも初めからこの任務の狙いは空軍組織の単独実行が念頭に置かれており、この点で彼らの考え方はドゥーエの理論と一致している。

幸運なことに飛行機乗りたちはこの両極端な立場のどちらもとっておらず、陸・海・空の参謀長たちによって構成されている統合参謀本部の示した解決策は、とりあえず全ての軍事組織の要求を満たすようなものになっている。

しかし問題は、いつどこでどのような状況のときにどの考え方を使えば実戦で最も効果を上げることができるのか、ということにある。これはつまり、複合的な戦略思想をどのようにまとめ上げることができるのか、という問題に他ならない。

最近登場してきた新しい戦争の理論が実践されたことよって、この問題はさらに難しくなってきた。この理論は今までの古典理論と全く相容れないものであり、さらに伝統的な陸・海・空のような軍事組織においても機能しないものなのだ。この新しい戦争はその主唱者たちに「人民解放戦争」と呼ばれており、この名前は実際のところは理論の内容をそれほど正確に表しているものではないかもしれないが、この理論の性質を理解するためのきっかけとしてはとても重要である。

4 毛沢東の理論

「人民解放戦争」というのはゲリラ戦のことを示すことが多いのだが、「ゲリラ戦」というのは理論の内容を表す名前としてはその意味があまりにも狭すぎるし、誤解を与えかねないものである。

ゲリラ戦というのは特に新しいものではない。「ゲリラ」(guerrilla)という言葉自体はナポレオン戦争においてイギリスのウェリントンの半島戦争の時に有名になったものだが、ゲリラ的な行動は歴史の始めから行われていた古いものであり、特に目新しいものではない。

ところが現在の理論とその実践のされかたは新しく、毛沢東がその理論の父であり、ホー・チ・ミンとボー・グエン・ザップ、フィデル・カストロ、そしてチェ・ゲバラなどがこの理論の優秀な信徒であり、普及者である。

彼らにとってのバイブルは（英訳されているものでは）サミュエル・B・グリフィス元海兵隊准将（Samuel B. Griffith）による『毛沢東のゲリラ戦論』（*Mao Tse-Tung on Guerrilla Warfare*）があり、この中にはグリフィス氏による毛沢東の『遊撃戦』（一九三七年）の優れた訳文が掲載されている。その他には、ボー・グエン・ザップ（Vo Nguyen Giap）の『人民の戦争、人民の軍隊』（*People's War, People's Army*）や、ハリーズ・クリシー・ピーターソン少佐（Harries-Clichy Peterson）による『チェ・ゲバラのゲリラ戦論』（*Che Guevara on Guerrilla Warfare*）があり、これには一九六〇年に書かれ、ラテンアメリカ諸国の革命の手引書となったゲバラの『ゲリラ戦』（*Guerrilla Warfare*）の訳文が掲載されている。

これらの本はすべて、共産主義の理論を実際に実践した優秀な共産主義者たちによる著作の翻訳である。彼らはこの理論の実践に成功しており、彼らの著作、とりわけその理論は、西側の軍・民・政府機関に所属するすべての戦略家たちにとって計りしれないほどの重要性を持っているのだ。これらの本はただの理論書ではなく、現代の戦争の厳しい現実面も描き出している。

これらについてさらに詳しく説明する前に、ここで一つだけ注意しておきたい。それはこれらの著作が「共産主義者たちによる理論書」という点で共通しているのは確かなのだが、「ロシア式の共産主義」ではなくて、「中国式の共産主義」をベースにしたものである、ということだ。この二つの共産主義の間には、根本的かつ決定的な違いがある。

マルクス、レーニン、スターリン、フルシチョフなど、彼らの共産主義はすべて都会の労働階級をその支持基盤においていた。マルクスは産業革命によって搾取されていた都会の労働者たちに呼びかけることによって共産主義運動を始めたのである。レーニンは都会の労働者たちの理論を自分の革命の基礎にしており、中央政府に直接影響を及ぼすことができる都市の人口に狙いを定めたものだった。これによってレーニンは都市暴動型の革命運動を仕掛けたのである。スターリンとその高官たちは東欧の衛星国に対して同じ理論を用いており、軍隊以外のあらゆる手段を使って支配体制を確立しようとしたのだ。

毛沢東はマルクス・レーニン式の革命を起こそうとしたが失敗している。なぜなら中国には西側諸国にいるような「都会の労働者階級」というものが存在しなかったからだ。よって毛沢東はマルクスの理論をその出発点から考え直し、都会労働者を支持基盤として使う代わりに、地方の農民を使ったのだ。ロシアと中国の共産主義には多くの共通点があるのだが、支持基盤における違いは大きく、現在のこの二国間で行われている激しい論争は、まさにこの点における根本的な違いが原因にあるといってもよい(6)。

それはともかく、現在の我々が最も注目しなければならないのは毛沢東の人民解放戦争の理論である。これはまったく新しい形の革命戦争であり、その実行には軍事力の行使が含まれているにもかかわらず、グリフィス准将が指摘するように「決して軍事力の行使の範囲内だけには限定されないもの」なのだ。彼は毛沢東の訳書のまえがきの中でさらに続けて「……この目的は、既存の政府や機関を破壊して、全く新しい国家組織を立ち上げることにある……この理由からもわかる通り、この理論は今までの伝統的な戦争（その規模の大小には関係なく）には全く欠けていた、ダイナミックさや深さというものを持っているのだ」と言っている。（七頁）

この理論自体はとてもシンプルなものだ。まず小規模ながら禁欲的かつ熱狂的な理論の信奉者たちのグループによって革命運動が始められ、最初の段階では国民の間に政治思想を吹き込み、信奉者の数を拡大する。それから既存の政府やその軍隊に対して政治的、社会的、そして経済的な面とあわせてゲリラ闘争を拡大していく。これが成功してくれば、ゲリラ集団を組織的で伝統的な軍隊として活用することも可能になってくる。最終的に全ての農村を支配し、非共産主義の政府に対して敵対していくことになり、この政府は打ち倒されたり崩壊させられたりして共産主義の組織にとって代わられ、これによって人民解放戦争は専制的で横暴的な、いつもながらの共産主義による統治の段階へと入っていくのだ。

毛沢東によるこの異端的な共産主義の核心にあるのは、地方の農民に支持基盤を置いている、という点だ。これは都市ではなくて地方からの革命であり、決定的な動きは都市ではなくて、地方の農村で起こるのだ。

ここではゲリラ戦争をどのように行っていくのかなどの、細かいことについては説明をしても意味がない。しかし毛沢東と彼の信奉者たちのいくつかの重要な言葉を紹介しておくことは、この戦争の感覚を知るためにはとくに有益である。おそらくこれらの中で最も有名な言葉は「ゲリラとは、大衆という水の中で泳ぐ魚である」というものであろう。以下にもそれと同じくらい有名なものをグリフィス訳(7)の毛沢東の言葉から紹介してみよう。

「ゲリラ戦においては『決戦』などというものは存在しない」(52頁)

「ゲリラ戦では小規模の部隊が単独で主要な役割を果たすのであり、彼らの行動にはあまり統制をかけないほうがいい。今までの戦争では……原則として、指揮系統は中央集権化されていた……ところがゲリラ戦の場合では、このようなことは望ましくないし、そもそもこれを行うことは初めから不可能なのだ」（52頁）

「ゲリラ戦争では防御のための戦術というものは存在しない」（97頁）

また、ピーターソンの訳によるゲバラの言葉では以下のようなものがある。

「ゲリラというのは、何はともあれ農民によって構成された革命戦士なのだ」（7頁）

「彼らは社会改革者なのだ。抑圧者に対して広まる大規模な抗議の中で、武器を手にとって立ち上がるのだ」（7頁）

「ゲリラ戦争はゲリラの一団を武力の核として使う、大衆による戦いである」（6頁）

「我々はキューバ革命によって、アメリカで行われた武力革命についての三つの根本的な結論が明らかになったと考える。

1　人民組織軍は政府軍に勝つことができる。

2　革命が起こりそうな状況をわざわざ待つ必要はない。それは意図的に作り出せるものである。

3　中南米の未発達な国々では、革命のために最も適した戦場となるのは農村地帯である」（8）

そして、ザップの北ベトナムでの経験が書かれている『人民の戦争、人民の軍隊』からの引用には以下のようなものがある。

「……それは何よりも最初から徹底した**人民による戦い**であった。教育し、動員し、組織し、そして全人民に武装させるのだ……」(27頁)

「……我々のような農民が人口の大半を占めるような発展の遅れた植民地にとって、人民の戦いというのは実質的に**労働者階級によって率いられた農民による戦争**なのだ」(27頁)

「この戦争では『前線』というものが明確には存在しない。敵がいるところが前線であり、前線というのはどこにもないし、どこでも前線となりえるのだ」(21頁)

「……数え切れないほどの小規模な勝利を積み重ねて、大きな成功につなげることが必要である。これによってゆるやかに軍事力のバランスを有利にし、我々の弱みを力に変えていくのだ……」(28頁)

「……我々の軍事力を強めることによって、ゲリラ戦を機動戦に変化させる……我が人民軍は、班や隊の段階から、比較的大規模な作戦を行えるようないくつかの師団になるまで徐々に数を増やしていったのだ」(30頁)

「……抵抗運動の初期には農民の持つ力に対して、我々はかなり過小評価していたが……この誤りはその後に是正され……我が党は農民を農村の本当の支配者にしようと決定した」(33頁)

「……この抵抗戦争の最も重要な力を構成しているのは、農村の大多数を占める農民たちである」(44頁)

「ゲリラ戦争とは、強力に武装されて訓練も行き届いている軍隊に対して経済的に遅れている国の人々が立ち上がって戦う戦争である……敵が強ければ避け、敵が弱ければ攻撃する……軍事行動を政治的や経済的な作戦と組み合わせるのだ。境界線はなく、敵がいるところは全て前線になる」（48頁）

「……一人一人が兵士であり、一つ一つの村が砦になり、党の下部組織や抵抗組織の一つ一つが幹部になるのだ」（97頁）

「我々は軍事面で戦うだけでなく、政治面、経済面、そして文化面でも戦うのだ」（97頁）（9）

もちろんこれらの引用だけで、一冊の本全体の意味を把握できるわけではない。しかしここでこれらの引用を集めた目的は、以下の三つの点を浮かび上がらせることにある。

一つ目の点は、毛沢東の戦争理論はすでに実践されているということだ。中国、北ベトナム、キューバ、そしてアルジェリアなどでは成功している。つまり我々は現実から離れた「画に描いた餅」の話をしているのではなくて、あくまでも現実そのものの話をしているのだ。

二つ目の点は、彼らが都会の労働者ではなく、地方の農民たちに理論の基盤を置いていることの重要性だ。世界でまだ手付かずの地域というのは都会ではなくて、アジアやアフリカやラテンアメリカのような地方の農村の農民社会なのだ。

これらの引用によって明らかになる三つ目の点は、毛沢東の理論がクラウゼヴィッツや陸上戦略理論によって想定されている組織化・機動化された大規模な軍隊の活用というものとは、

ほぼ完全な対極に位置しているということだ。例えば以下のように、

・クラウゼヴィッツは「敵の軍隊の破壊……敵との直接交戦のみによって……大きな結果を生み出すのは、大規模で総力的な直接交戦のみである……最も大きな結果が出るのは……大会戦が行われた時だ」と主張している。

・一九五五年の『戦場勤務規則』では、「究極の目的は……敵の軍事力を破壊することにある」と書かれている。

・毛沢東は、「……小規模の部隊が単独で主要な役割を果たす」ということと、「決戦などというものは存在しない」と言っている。

・ゲバラは、「革命のために最も適した戦場は農村地帯だ」と書いている。

・ザップは、「前線というのはどこにもないし、どこでも前線になりえるのだ」と言っている。

とまとめることができる。

ここで述べておかなければならないのは、陸上戦略理論による通常の戦略や、クラウゼヴィッツの理論というのは「順次戦略」であり、毛沢東の理論は主に「累積戦略」のコンセプトに重要性を置いているということだ。これはおそらくこの二つの理論の違いの中でも最も大きなものであり、我々にとっても実践段階で最も適用しにくいものなのかもしれない。ゲリラ戦略というのは累積戦略なのであり、毛沢東も言ったように、ゲリラ戦では決戦というものがない。

毛沢東の戦略の中で「順次的」なのは政治戦の部分であり、その目標に向かってひたすら突き進むものであり、ゲリラ戦はそれをサポートするものなのだ。つまりこれは、我々は累積戦略に対してどのように対抗していけばいいのだろうか、もしくは、我々自身も累積戦略で対抗する方法を見つけなければならないのだろうか、という問題になるのだ。

もう一つの誤解の例として再びアイゼンハワーの引用を挙げると、「『チャーチル氏の政治的な狙い』については、たしかに彼に大筋で賛同はするが……このような政治的な狙いを自分自身の目標として考慮しないよう特に気をつけて対処した」というものがあった。このように兵士が政治にかかわりを持たないようにしようとする古典的な態度を、「ゲリラというのは、何はともあれ農民によって構成された革命戦士なのだ」という言葉と比較してみて欲しい。

そしてザップは「軍事行動を政治的や経済的な作戦と組み合わせるのだ」と言っている。

何人かの学者にクラウゼヴィッツと毛沢東を徹底的に比較させてみたら興味深いことがわかるかもしれない。そして我々の現在の戦略思想と毛沢東やゲバラたちのそれと比べてみても有益なはずだ。これによって、我々は彼らの掲げる共産主義とどのように戦えばよいのかを学ぶことができるかもしれないからだ。

毛沢東の理論は実在するし、その主張は彼の生きた現実によって構成されたものであり、非常に重要である。我々が戦略の総合理論を構築しようとする際には、この理論を無視するわけにはいかない。

註

（1）私は、このテーマに関するいくつかのアイディアを、すでにある記事 the U. S. Naval Institute *Proceedings*, Vol. 83, No. 8 (August, 1957), pp. 811-17. に書いている。［訳者註／参考記事Bとして本書に掲載済み］

（2）*Military Intellectuals in Britain 1918-1939* (Rutgers University Press, 1966) の中で、著者のロビン・ハイアム（Robin Higham）は巻末の解説に「ドゥーエの位置づけ」(The Place of Douhet) という題名の章を書いて論じている。彼はこの二五八頁で「ドゥーエが英国のエアパワーの理論の形成には全く影響を与えていないことはハッキリしていると言ってよい」と書いている。イギリスのトレンチャードやアメリカのミッチェル、そして後のルメイなど、彼ら全員がエアパワーの強力な主唱者だったことは事実である。しかし私がここでドゥーエを引用したのは、彼こそがエアパワーのアイディアを最もハッキリと文献に残したからであり、私は彼がアメリカにかなりの影響を与えていると考えているからだ。

（3）原著は一九二一年と一九二七年に出版。英訳版はディーノ・フェラーリ（Dino Ferrari）の訳で、一九四二年にニューヨークの Coward-McCann 社より出版された。

（4）一九六二年二月版の米国陸軍戦場勤務規則（ＦＭ１００—５）にはこの言葉が入っていない。しかしながらこの版は今まで発行された規則の中でも最も洗練されたものであり、また米軍の他の軍事組織が発行したものよりもはるかに優れたものでもあった。

（5）Clausewitz, *On War* (Random House, Modern Library, 1943), p. 208 邦訳：クラウゼヴィッツ『戦争論』篠田英雄訳（全三巻）岩波書店、一九六八年、および日本クラウゼヴィッツ学会訳（レクラム版）、芙蓉書房出版、二〇〇一年、他がある。

（6）同様のことは、農民革命を起こしたアルバニアとソ連の間の意見の違いについても言える。また、キューバとソ連の間の微妙な関係についてもまったく同じであり、ゲバラ・カストロ式の共産主義はたしかに経済的にはソ連に頼っているところはあるのだが、思想的には農民型の中国に傾いている。

（7）Samuel B. Griffith (trans.), *Mao Tse-Tung on Guerrilla Warfare* (Praeger, 1961).

（8）Harries-Clichy Peterson, *Che Guevara on Guerrilla Warfare* (Praeger, 1961)

（9）Vo Nguyen Giap, *People's War, People's Army* (Hanoi: Foreign Languages Publishing House, 1961).

6　今までの戦略理論の限界

西洋の主な三つの戦略――とりあえずここでは毛沢東の理論には触れず、後でまた取り扱うことにするが――は、それぞれそれなりの妥当性を持つものだ。この三つはそれぞれ特定の状況においては現実との直接的、または間接的な整合性を持っているであろうし、またそういう意味ではたしかに実践的な理論でもある。ところが、まさにこの妥当性や実践性があるおかげで、それぞれの理論の主唱者たちの間で際立って激しい議論が巻き起こされることになるのだ。飛行機乗りは自信満々に自分たちの活動を主張し、それを拡大して自分たちの理論が最高のものだと考えてしまう。兵士たちも同様であり、自分たちの意見を自信満々に主張し、これが最高のものだと考える。この両サイドの意見をイライラしながら傍から見ている水兵たちは、なぜ彼らが自分たち水兵の意見が最高だということを理解できないのか頭を悩ますことになる。

たしかに、このような説明は実際に起こっていることをかなり大げさにして単純化したものなのかもしれないが、それでも今日の軍人たちの考えの間にある基本的な問題点を的確に示していると言えよう。

大きく見れば、問題はこういうところにある。つまりこの三つの西洋戦略理論は、意識するしないにかかわらず、どれもが自分たちの考えを元にして、暗黙の「戦略の総合理論」であるかのように考えているのだ。そのように見なすことによって、彼らは自動的に「我々の考え方のパターンは、どの戦争の状況にも全て適用できるはずだ」と考えてしまう。そしてある状況に対してこれら三つの理論が同時に適用されてしまうと、アイディアの衝突は避けられなくなってしまうのだ。

ここで最も肝心なのは、実はこの三つのどれもが戦争の総合理論ではない、ということだ。これらはそれぞれの分野に特化された特殊な理論であり、それぞれ特定の条件下でのみ有効で、各理論が暗黙のうちに想定している状況に現実が当てはまらなくなってくると、そのとたんに有効性を失ってしまうものなのだ。

たとえば一九五〇年代初期の朝鮮戦争時の戦略爆撃機に関する議論について思い出してみて欲しい。航空戦略理論に批判的な人々は、「朝鮮戦争における戦略爆撃によってこの理論が証明されたとするのは過大評価である」と主張していた。ところが重爆撃機を支持する人々は、この指摘がそもそも間違っていると主張している。つまり彼らは、朝鮮戦争は間違った戦争であり、間違った場所と間違った時期に行われた、と言うのだ。ところがこのどちらの人々も、最も肝心なことを忘れている。それは、戦略爆撃機は当時でも現在でも完全に任務を遂行している、という事実だ。唯一の問題は、この理論の想定というものが、はじめから現実と一致していなかったということにある。朝鮮戦争は本物の戦争だったのだが、この戦争の現実に対して理論の持つ想定が有効ではなかったのだ。よって現実（たとえば朝鮮戦争）に対して「正しい」とか「間違っている」などの判断を下すこと自体が全く意味を持たないものなのだ。

正式に認められた戦略の総合理論というものは、いまだにこの世に存在していない。もしこのような理論があったとしても、それはかなり過酷な条件をクリアーしていなければならないはずだ。たとえばこの理論は、紛争の状況、時代、場所を選ばず、しかもあらゆる制限や限界の存在や、それが課せられてくる状況にもすべて適用できるものでなければならないからだ。またこの理論は、陸上理論、海洋理論、そして航空戦理論、それに毛沢東の理論など、想定を限定すれば有効性が証明されているようなこれまでの戦争戦略のコンセプトが想定している現実の枠組みにも、すべて完全に対応できなければならない。また「有効性が証明されるためには全ての状況に適用できなければならない」という理由から、この理論が曖昧なもので、ある特定の現実に対処する戦略の作成に使われる実践的な知的活動の基礎としては全く使えない、というものでもダメなのだ。

理論を構築するには二つの方法があるが、そのどちらにも一長一短がある。一つ目の方法は、同意反復文的で、一部の隙もないような構成要素によって理論を作るというものだ。このような理論で主張されていることは、論理的かつ演繹的にも関連性があって首尾一貫しているものが多い。たとえばこのような理論でよくあるのが、「常に勝つのは最強の軍隊である」というものだ。これはまさに同意反復（トートロジー）語である。なぜなら「最強」という定義は、結局は「勝つ軍隊」によって決まるからだ。この理論の短所は、私たちが実際に知っているような現実には適用できない、という点にある。つまりこの理論の主張は事実とは無関係に存在しているものであり、現実がその理論が想定している理想の状況と合致するまで、もしくはこの理論を検証できるような理想的な現実が到来するまで、ただむなしく繰り返されるだけのものなのだ。批評家たちが第二次世界大戦後のヨーロッパで「ドゥーエの理論は破綻している」と批判したのに対し、ドゥーエの弟子たちが「この理論にはまだその本当の正しさを実地検分するだけの公平なチャンスが与えられていない」と反論したのはその典型的な例である。

二つ目の方法は、すでに起こった事実だけを説明する理論を構築するというものだ。それぞれ別々のやり方を使っているが、陸上戦略理論と海洋戦略理論がまさにこのような例に当てはまる。このような理論の弱点は、「今まで起こりそうで起こらなかったこと」については説明ができるのだが、「これから何が起こるか」を説明できず、将来起こりうることを首尾一貫した厳密さで理論を使って説明することができないということなのだ。本書でこれから行っていくのは、このような二つの理論構築の方法を使った「総合理論」を提示することである。将来の研究で必要とされるのは、この総合理論によって今までの理論の弱点を掘り出し、その穴を埋めるような作業である。ところが今現在の状況では、このような総合理論が同意反復の過ちや過去の経験による制限から逃れるためには、まずその大部分を憶測に頼らざるをえないのだ。しかしこのような憶測は、将来の研究によっていくらでも調整、変更、減少や訂正などを行うことができる。私がここであえて総合的な理論を掲示しようとする理由もまさにここにある。なぜなら、他人から批判を受けたり、否定されたり、もしくはその上に発展できるような「一つのアイディアを提出する」という最初の一歩を踏み出す作業を、今まで誰一人として行ってこなかったからだ。

今までこれに最も近い作業が行われたのは、リデルハートが「間接アプローチ」というコンセプトを提示した時だけであろう。彼はこのコンセプト（この考えは彼のその他の著作でも間接的に現れているが）を、クラウゼヴィッツの主要な教義の多くを強く否定しながらも、主に陸上戦略として議論している。リデルハートの議論の進め方から明らかなのは、彼が間接アプローチの理論を実質的に陸上戦略理論のトップに仕立て上げようとしており、陸上戦略の理論を新しいコンセプトで作り直すことを狙っている、ということだ。それと同時に、彼は明らかに戦争に関連している社会活動を組み込むことによって、自分の理論の適用範囲を純粋に軍事的な領域から、意図的に拡大させている。その一例が、戦争の心理学的な面を、自らのコンセプトの一部として組み込むという作業である。あまり明確にされてはいないが、かなりハッキリとした暗示によって、彼は間接アプローチの中に、戦争の経済的及び政治的な動きを組み込ませているのだ。彼の使う歴史の例の範囲は広く、時間、場所、広さ、そしてその特徴などに縛られておらず、戦争における様々な人間の創意工夫が普遍的に含まれている。彼が実質的に論じているのは、「戦略家は敵の組織のバランスを不安定にさせ、敵がそのバランスを回復するためにエネルギーを費やすように仕向けなければならない」ということである。この戦略の成功のカギは「敵が回復できないほどバランスを不安定にさせる」ということにある。この成功の最高の形は、敵が初めから戦う気を起こすことができないほど敵のバランスを崩しておくことなのだ。これはクラウゼヴィッツの理論を根本からくつがえして葬り去るようなものだ。多くの兵士がリデルハートのアイディアに対して猛反発するのは当然である(1)。

私が知っている限りでは、リデルハートは海洋戦略や航空戦略の理論などを特に意識して議論を行っているわけではない。しかし彼のコンセプトは陸上戦略の理論に適用できるのと同じように、この二つの理論にも応用することができるのであり、その証拠にこのコンセプトは海洋戦略のエッセンスそのものであるとも言えるのだ。またここで興味深いのは、リデルハートの理論というのは、その高度な精巧さのおかげで、クラウゼヴィッツの考え方よりも毛沢東の考え方のほうに遥かに適用させやすいのだ（ここで注意していただきたいのは、私がリデルハートを共産主義者に分類したなどというばかげた判断をしないでいただきたいということだ。私が主張しているのは知的プロセスのことであり、政治思想のことではない）。

しかしながら、間接アプローチのコンセプトには、以下に述べるような欠点がありそうなことも確かである。まず我々が持つ戦略について知的活動を行うための専門用語の数は、間接アプローチの中心的なコンセプトを論じるにはあまりにも少なすぎるのであり、その他にもすでにお分かりの通り、このコンセプトは一定の形を持たないもの（formless）なのだ。つまりこれは「ハッキリとした構造を持っていない」ということであり、つかみ所がなく、不明瞭でいい加減であり、これをある特定の状況に意図的に応用して行くのは困難なのだ。「間接」というのは、それ自体が追求されるべきものではないし、それ自体が敵の錯乱した状態以外の結果を必然的に生み出してくれるわけでもないのだ。

リデルハートはこのようなことを全く意図していたわけではないし、我々は彼の考え方の中で言葉として表現されていない意味や、「間接的な行動が狙うべき目標」のようなものを明確に感じることはできる。しかし我々の考えている「間接」というコンセプトの形が、過去四十年もしくは五十年間かけていくつかの素晴らしい著作を生み出してきた彼の頭脳の中にあるものと全く同じものかどうかを確認することは難しい。

ここで一つだけハッキリとさせておくべきである。間接アプローチに対するこのような批判が行われるそもそもの理由は、この理論が今までの中で最も洞察力に富み、深く尊敬されている理論であるという点にある。なぜ本書の中でここまでこの理論が取りざたされるのかというと、それはこの理論の中にある興味深いアイディアのコンビネーションや、平易な言葉で議論したり、この理論を現実もしくは仮定的な状況へ応用したりすることの難しさというものがあるからだ。

我々はここまで議論を進めてきたわけだが、この辺りでそろそろ新しいコンセプトを探り始めなければならないし、私はこれを行っていくにあたって抽象的な議論を行い、できれば論理的な段階を踏んで行きたいと考えている。その結果として「間接アプローチ」の代わりになるものが戦略の総合理論になるのか、それともこの理論の拡大版でそれに同じ分類に入るようなものになるのかは、私にもまだわからない。とりあえず私がわかっているのは、それが間接アプローチとは対立するようなものではない、ということだけだ。リデルハートの理論は広範囲に適用できるため、新しい総合理論はこれと両立できるようなものでなければならない。

議論を先に進める前に、前の段落の最後の一言について少し論じる必要がある。なぜならこの言葉は、戦争とその他の人間社会の活動、つまり政治や経済との間にある大きな違いを見せることになるからだ。数ページ前に、私は今までの四つの戦略理論——海洋戦略、航空戦略、陸上戦略、そして毛沢東の理論——は、いずれも「総合戦略」ではないということを指摘した。これらの理論はむしろそれぞれの理論が持つ暗黙の想定に左右されるような、限定された想定にもとづいた限定された理論である（たとえば航空戦略理論は「破壊とはコントロールすること同じである」という言外の暗黙の想定をしているし、陸上戦略理論は「軍隊が大規模な決戦を行わなければならない」という想定に縛られている等々）。

ところがリデルハートの理論というのは、たしかに不完全ではあるかもしれないが、このような限定された想定というものを持っていない。つまり普遍性があるわけで、新たな普遍性を持つ総合理論は、これと両立できるようなものでなければならないのだ。

戦略理論が二つあったとして、その二つが両立するようなものでなければ、この二つは両方とも総合理論としては不適格であることになる。この二つの理論には、構造内にある程度の弱さを抱えているものであり、これらの欠陥は間違った状況に対して使われたりすることや、理論で想定されているものが実際の状況と一致しないような状況の発生を未然に防ぐために、あらかじめ先に発見して指摘されていなければならないものなのだ。

社会理論としての戦略研究というのは、多くの理論の中で、たった一つしかない「真実」というものを説明している、唯一の理論かもしれない（ここで物理科学を持ち出して比較しても意味がない。物理科学はものごとが起こる予測の確証性を扱っているものだからだ。ところが「社会科学」というのは物ではなくて人を扱うものであり、その現象には人が絡んでくるために予測不可能なことが常につきまとうのだ）。その他の社会科学では、総合理論が互いに矛盾するものであっても、それが共存している状態というのは可能だ。なぜならそこには戦略のように理論同士の強制的な衝突というものが発生しないからだ。たとえば経済学では、現実に互いに相容れないようないくつかの総合理論が、それぞれの分野で実際に使われたりしている。政治学や社会学にも互いに矛盾するような総合理論がいくつも存在する。また、宗教理論（または信仰）でも、互いにまったく相容れないものがいくつもある。これらの分野のいくつかの総合理論の構造やアイディアや行動というのは、まったく一致しないものばかりだ。自由企業経営、社会主義、そして共産主義というものは互いに矛盾しあうアイディアを持っており、現実世界に使われると激しい衝突を起こしてしまう。ところがこのような衝突は、人によっては様々な意見があるにもかかわらず、必ずしもどちらか一方の理論を完全に無効にしてしまうようなものではない。ジョン・ロック（John Locke）とカール・マルクス（Karl Marx）は、政治的には正反対の理論を持っているし、キリスト教と神道と無神論は互いに両立できない。それでもこのような総合理論は、それらを実践している人々にとってはかなり満足した状態でその有効性が認められ、それぞれの人間生活に適用されており、共存することが可能だし、実際に共存している。

このような総合理論の共存が可能な理由は、戦略以外の社会科学の総合理論というものが、「ある特定の文化の枠組みの中での総合理論」として機能するものだからだ。ところが戦略の問題を考えてみると、これらはほぼその言葉通りに「文化を越えた総合的なもの」であることがわかる。よって戦略の理論を議論する場合には、この「総合」という言葉には、政治学や経済学やその他の分野などで使われるものよりもはるかに広い意味が含まれていることを忘れてはならない。社会科学の総合理論というのは必ずしも普遍的な理論である必要はないが、戦略の総合理論は普遍的でなくてはならない。この理論はそれを実践する人物の好みに関係なく、どのような戦争の状況にでも当てはまらなければならない。なぜなら敵は自分の嫌いな戦略を逆に好んで使って我々にダメージを与えてくる可能性があるからだ。戦略の総合理論が基礎としている想定（前提条件）というものは、それがどのような現実であっても完全に適用できるような、本当に普遍的なものでなければならないのだ。

これはかなり難しい問題である。なぜならすでに紹介した現在の四つの戦略理論には、そもそも始めから普遍的な前提条件というものが欠けており、これが総合理論を築き上げることを困難にしているからだ。

陸上戦略理論の中でも純粋なものとされるクラウゼヴィッツの理論は、「軍隊は戦場で衝突し、一方が戦闘で負けなければいけない」という想定の元に構築されているのだが、海上での戦争や、海洋交通路、もしくは航空戦などには、「地上戦を支配する要因に必ずしも左右される必要はない」という暗黙の了解がその基礎にあるのだ。この古典的な例はナポレオン戦争だ。ナポレオンが行ったいくつかの会戦はクラウゼヴィッツを触発することになったわけだし、彼の理論の基本な形はここにある。ところがナポレオンは最終的には敗退しており、この敗退は何人かの戦略家がナポレオンの土俵の上でナポレオンを打ち負かしたことが原因だったわけでなく、海洋戦略理論の考え方、もしくはこの理論の持つ力が戦争に応用されて、ナポレオンがそれ以降の事態の流れを抑えることができなくなったことに本当の原因があったのだ。

海洋戦略の理論は、その考えの中に「海洋交通路は紛争に影響を与える必要条件だ」という想定を含んでいる。

航空戦略理論は、暗黙だが必須の想定として、「何かしらの物理的な破壊を押し付けること（もしくは押し付けの脅し）によって実際に人々をコントロールすることができ、しかもこれを空から行うことができる」という前提を持っている。

毛沢東の理論は「農民の存在」と「彼らを革命運動の基盤として使うことができる」という想定を基礎においている。これらの理論にはまだ他にも基礎的な想定があるのだが、とりあえずこれだけでもその大まかな様子はおわかりいただけるはずだ。

しかし私はここで、これから提示されるような総合理論が「現在の兵士、水兵、飛行機乗り、そして民間の戦略家たちの間にある意見の違いの原因をすべて解消できる」と暗示しているわけでは全くない。そもそも我々が望んでいるのはこのようなものではないからだ。どのような社会組織にとっても、継続的かつ活発な活力を保つためには、広範囲にわたる意見や見解や新しい考え方などが必要とされているからだ。

このような異なる戦略思想の種類の間で意見の違いが起こるのは、それぞれが別々の判断基準を元にしているからであり、そのほとんどはそれなりにしっかりとした基礎の上に立って出された判断や結論なのだ。よって、このような特化した理論を越えてすべて両立させることができるような総合理論として認められるためには、この理論がこのような意見の違いを考慮して解決できるような、ある程度のレベルの高さを持っていることが必要なのだ。現在はまだこのような知的理論は現れていないが、私は我々がこの領域にまだまだ近づけるものと信じている。これまで行われてきた総合理論を追求する試みというのは、主な既存の理論の間で本当の意味でお互いを尊重することであり、またより小さい部分では、全ての理論で受け入れることのできる共通要素を考えるような、いわば妥協の産物であった。いくつかのケースでは、全くつまらない非生産的な結果に終わったものもある。しかし、もしその新しい総合理論を提唱しようとする人々――民間、もしくは軍に所属する戦略家も含む――が、共通の狙い、共通の方針、そして公的に理解されて受け入れられているような共通の目標に向かうための各個人の使命など、広い範囲での相互理解を得ながら行動できるような論理的根拠を見つけることさえできれば、この作業を今よりも遥かに改善させていくことができるのだ。

これは毎年それぞれの軍事組織が防衛予算のパイをめぐって争う様子を目だって減少させることにはならないかもしれないが、それでも今までのようなジェットコースターなみの激しさで変化していた予算配分の状態を、いくらか安定したものにはしてくれるはずだ。

余談だが、防衛予算に関する議論(「軍事組織間の口争い」とよく言われるが)というものは、たしかにそう思われることもかなり多いのだが、その行為自体は決して本質的に「悪い」とか「間違っている」というものではない。予算というものはアイディアを現実に変換させる役割を果たすものであり、防衛予算に関する議論は、公共政策についての決定事項が話し合われる、最も適切な公開議論の場なのだ。

註

(1) 兵士の中で明らかな反発をしていないものとしては、アンドレ・ボーフル(André Beaufre)大将の例が挙げられる。彼は『戦略入門』*An Introduction to Strategy* (Praeger, 1965)という著作の中で、リデルハートの「間接アプローチ」とはやや異なりながらも、興味深い理論の発展を行っている。

7 総合理論の根底にある想定

この直前に行われた議論によってハッキリしてきたのは、総合戦略と呼べるものには、実質上、ある一定の普遍性、特殊性、構造、そして包括性というものが不可欠であるということだ。この議論を「戦争の戦略に関するもの」だけにとどめておくためには、これらの必要条件を「戦争戦略の基礎」としてしっかりと固定しておくほうがよいだろう。純粋に理論的な議論だけを行うのであれば、このようにわざと範囲を狭めるようなことは必要ないのかもしれないが、ここでの我々の関心は純粋な理論の話だけにあるのではなく、戦争の戦略、しかも戦争戦略の総合理論なのだ。このような理論の基礎となるものは、このような特殊な戦略にとって知的活動と実践活動の両方に密接に関係していることから、戦争計画の際に使われる「想定」(assumptions:仮説／前提条件）であると考えることもできる。

ここで戦略の計画プロセスというものが、この背景や理論の基礎を解説するための道具としてわざわざ選ばれたのには理由がある。それは、このような「計画の作成プロセス」というものは、「戦争を理論的に考えたもの」と「実際の戦争の実行」との間を結びつけるものだからだ。戦略家はこの段階で、いわば片足を戦略の理論やコンセプトに置き、もう一方の足を戦略の実戦または実際的な面に置くような状況に直面することになる。戦争計画というのは思考と現実をリンクさせることであり、アイディアを実際の行為に変換するための手段なのだ。またこれは「戦略思考の実践である」とも言える。計画するというプロセスは、戦略家の論理的かつ体系的に整った思考の営みが、実際の現実によって試されることになる「場」なのだ。

よって総合戦略の基礎の枠組みを打ち立てるために、私は以下の四つの基本的な想定を提案している(1)。

第一の想定は、「**いかなる防止手段が講じられようとも戦争は起こる**」というものだ。たしかにこれは程度の低い「歴史決定論」のように聞こえるかもしれないが、ここではそういう意味は含まれていない。むしろこの想定が最初に紹介されなければならない本当の理由は、以下の二つにある。一つ目の理由は、この想定は実際のところ「平時にも軍事力の備えが必要である」ということを述べているにすぎない。おそらく医師を除けば、軍隊というのは人類という生物の存在にとっては最もその必要性がなくなることを願われている仕事であろう。「戦争が起こる」という想定は、戦争のために戦争が求められているというような意味では全くない。しかし軍人が戦争に対して備えなければならないという事実は、常に民間人を潜在的にいらだたせるものなのだ。とかく民間人というものは戦争を研究したり備えたりすることを「戦争を擁護している」と感じがちである。これはガンの専門家が「ガンを擁護している」と思われる危険が全くないことと実に対照的だ。これにはまさに「雰囲気」のようなものが作用していると言える。つまり、戦争は残酷で非人道的であり、これを論じている人も残酷で非人道的である、ということになってしまうのだ。二つ目の理由は、「戦争はいずれ起こるものだ」ということを定期的に自覚することによって、戦略家自身も平時に行われる図上演習や非現実的な想像と戦争の現実を見つめる視点にズレが生じないようにする狙いがある。

第二の想定は、「**戦争の目的は、敵をある程度コントロールすることにある**」というものだ。この想定を広い意味で解釈できるような言葉にしたのには理由がある。たしかにもっと範囲を狭めるような言葉を使えばよかったのかもしれないが、逆にそのような正確さというのは、必要以上に適用範囲を狭めてしまうのだ。あるコントロールの種類、程度、強さ、長さ、そしてその範囲にとって必要なものは、その特定の状況が戦略家に提示された時、そしてその状況が発展してある決定が出せるようになった時に、初めて決断できるようになるものなのだ。総合理論に必要なため、私はこのような想定を提案しているのだが、本来「戦争の狙い」を論じるのはとても難しいことだ。なぜなら歴史的に見ても、戦争というのは実に様々な理由で戦われてきたからだ。人間が戦争の目的を語るほとんどの場合、誰かが必ず「戦争とは他の手段でもってする政策の継続にすぎない」(2)という言葉を使うことになる。その後、議論は「戦争の目的は基本的に戦争前の政策と同じであり、唯一違うのはそれを追求する手段がより暴力的であるという点だ」という風に続くのだ。このような話は、戦争と政策、そして戦争の狙いというものについてこれから行われる議論に直接関係しているという点から極めて重要になってくる。

「戦争は政策の継続である」というアイディアは、外務省と国防省が共同で定期的に何度も顔を突き合わせて合同で計画を作成しているというようなイメージから来ている。しかし戦争が始まっても政策が続くというのは本当に正しい考えなのだろうか？　実際のところ、戦争というのは本当に「政策の継続」なのだろうか？

私はそう思わない。実際のところ、侵略された側の国にとって戦争というのは、政策のほぼ完全な崩壊であると言えるからだ。いったん戦争が始まってしまえば、戦争前の政策というのは完全に無効となってしまう。なぜなら効果をあげるように設定された状況そのものが変化してしまっているために、いままでの政策というものが新しい現実とまったく一致しなくなってしまうからだ。戦争が始まってしまえば、我々の世界は根本から変化してしまうのだ。過去の戦争を見ても、戦後の世界というのは戦争が起こる前の状況とはほとんど似つかないものになってしまうものばかりだ。第二次世界大戦に参戦した国々では、あのロシアでさえも、戦後がどのような状態になるのかを戦争開始前にハッキリと予見できていなかったのだ。

たとえば朝鮮戦争のような「小規模戦争」でさえ、参戦国の中で戦争前からの「政策を継続」していた国はない。我々アメリカにとってみれば、朝鮮戦争というのは「政策の急激などんでん返し」であり、それはおそらくそれ以前までの政策が精神分裂症的なものであり、現実の状況というものをほとんど把握していなかったことにその原因があると言えるのだ。共産主義者側にとっても、朝鮮戦争というのは政策の「継続」ではなかった。なぜなら、もし彼らが戦争の勃発を予期していたのなら、そもそも最初から韓国側に侵入していなかったはずだからだ。

これ以上非難を受けやすい状況に自分を追い詰める前に、私は戦争というものが国家の生き残りという基本政策（この先の具体的な政策は何であろうと）の継続として見ることができるという点だけは認めておくべきであろう。こういう意味ではクラウゼヴィッツの例の格言はいくらかの妥当性はある。しかし「生き残り」という究極の政策よりも特定の細かい政策については、通常よりも厳しい検証が行われる必要がある。なぜなら、ただ盲目的にものごとを受け入れてしまうと、よほど注意をしない限り、我々は真っ暗な袋小路へ迷い込んでしまうからだ。「侵略を自ら仕掛けて戦争を始めた側は、戦前からの政策と戦争中の政策との間にハッキリとした継続性を持っている」ということは確かに言えそうだ。これはベトナムやキューバの共産主義者たちには正確に当てはまる。しかし侵略されて防御する側にとってみれば、戦争の勃発は、政策の崩壊という最悪の場合がほとんどなのだ。

ところが、政策の崩壊であるからと言って、必ずしもそれが予期せぬ出来事であったということにはならない。この二つは全く次元の違う話であり、これによって国家政策の計画や事前の予見というものが妨げられてはならないのだ。とにかく、ここで我々に必要なのは現状認識である。我々は「戦争前の政策が、戦中や戦後の世界の現実へとつながっている」などという心地よい幻想に騙されてはいけない。

「戦争の目的は、敵をある程度コントロールすることにある」という議論から離れる前に、あと二つほど論じておかなければならないことがある。その内の一つは「伝統的な考え」に関するものであり、もう一つは「狙いの狙い」とでも言うべきことについてだ。

押し付けがましい議論の中に必ずと言っていいほど出てくる「伝統的な考え」とは、「戦争の狙い――これはつまり〈陸軍〉の狙いを暗示しているのだが――は敵軍を打ち負かすことにある」というクラウゼヴィッツの格言である。たしかにこの格言には真実が含まれているのかもしれないが、だからといってこれが毎朝東から日が昇るくらいの必然的な事実であるというわけではない。何も考えずにこの格言を受け入れてしまうと、逆に戦略家の戦略思考のビジョンを狭め、陸上部隊の正面衝突以外にも良い作戦があるという可能性を忘れさせてしまう恐れがあるからだ。

リデルハートは自分の「間接アプローチ」の理論を発展させる基礎として、このテーマを論じていた。すでに論じられたように、たしかに敵の軍隊を打ち負かすことは必要なのかもしれないし、もしかしたら敵の最後の生き残りまで倒す必要があるかもしれない。しかし我々が「敵の軍隊をなんとしても戦闘で打ち負かさなければならない」という制約を自らかけてしまうことになると、今度は敵のコントロールをより簡単に達成できるよう幅広い選択肢を考えることさえ拒否してしまうことにつながりかねない。

それ以外の〈コントロール〉の想定に関する議論は、すべてのコントロールの焦点と狙いの問題に関係したものばかりだ。こうなってくると、このテーマは政治哲学者や哲学的な政治家――こう呼ばれることはどの政治家にとって名誉なことだが――の領域に入ってしまい、私のような一水兵である人間は特に慎重に議論を進めなければならない。よって、私は戦争で追求されるコントロールというものは、敵を根絶するまで極端にならなくてもよいと考えるのだが――これは著者である私が持っている文化に影響を受けたものかもしれないし、あまり人道的ではない文化に影響を受けた人々の目から見れば無効なのかもしれない――、かといって、勝者が危険を感じるほど敵を自由にさせるまでコントロールの度合いを手薄にしてもいけないのだ。このような状態というのは「勝利」とは言えず、これは朝鮮戦争の例でも明らかだ。一般的に言って、我々のような西洋文化の中に生きている人間にとっては、戦争の勝利によって達成される「コントロール」というアイディアには、戦争終了後に敵であった敗戦国を世界共同体の一員として正しく復帰させるという意味があり、その敵を戦後の新たな世界の方針の枠組みに従わせて行くことを要求することが含まれているのであり、ほとんどの人はこの考えに賛成してくれるはずである。しかしここで注意してもらいたいのは、このようなアイディアは共産主義の視点からは全く支持できないようなものであるということだ。

第三の想定は、「**戦争は我々の計画通りに進むことはなく、予測不可能である**」というものだ。当然だが、我々は戦争が、いつ、どこで、どのくらいの規模で、どのくらいの激しさで、どのような経過を辿って、そして全体的にはどのような流れになるかということを、全く予測できないのだ。これができた人間というのは今まで一人もいないはずだ。よって、戦争がどうなるのかを最初から最後まで一貫して予測して戦略を立てるというのは絶対にできない。この事実は、外からはその能力を完全に確かめることができず、しかも何をしてくるのかその意図をさっぱり読めない潜在的な敵（訳註：ソ連）に直面している現代の状況に、特によく当てはまる。

「戦争のパターンというのは時間、場所、そして性質などにおいてすべてが予測不可能である」という主張を受け入れるとすれば、平時においてたった一つだけのプランを準備するだけではダメだという結論に達せざるを得ない。よって、我々にとって最初に必要になってくるのは、むしろ戦争計画の範囲の拡大や戦略のコンセプトの幅を最大に広げることであり、発生する可能性のあるあらゆる戦況のタイミングと特徴の両方を無理なく受け入れることができるような「知識のまとまり」なのである。ここで必要とされているのは、戦前や戦中でも常に活用できるような戦略のコンセプトをまとめたものであり、これは将来や現在でも発生しているようなある特定の状況に適用できるような一つの戦略ではなく、状況が突然変化したり、使用中のプラン通りに戦争が進まなくなったりした時にいつでも使えることができるような、最も広範囲にわたるいくつもの予備の戦略の蓄積なのだ。

戦略家がある特定の状況に対応しなければならなくなるのは、ストックしてある戦略の想定が現実と一致した場合のみなのだが、それには以下の二つの理由の内のどちらかが該当する。一つ目は兵站と物資の事情によるものだ。兵站がどれだけ必要なのかという判断は、考えられる全ての可能性の中から、あまり好ましくない状況が続くという想定を元にして行われるのであり、また将来の見込みやコストの許容範囲、それに補給と即戦力のプランが使い物にならなくなる危険性などの判断によって調整されることにもなるのだ。戦略家がある特定の状況に備えなければならない二つ目の理由は、潜在的な危険性や実現性があまりにも高く明確なために、これらの想定の基本を元にして特定的かつ現実的なプランが練れてしまうような場合が実際に存在する、という点にある。

最近のゲーム理論(3)には、まさにこのような考えの一端がよく表れている。この理論では、たった一つの戦略しか頭にないプレイヤーは最も大きなリスクを抱えることを教えている。なぜなら相手プレイヤーがその戦略に気づいて、すぐに対抗策を打ってくることになるからだ。柔軟性があってどっちつかずの幅広い戦略を得る際に必要なのは、不測の事態にも適用できるような狙いと構造を持つ理論なのだ。不測の事態に備えて計画をしておくことは、見かけよりも危険なことではない。なぜならいざ何かが起こったとしても、とりあえず軍隊やその他の人間社会の活動にはある程度の秩序と呼べるようなものが残っているはずだからだ。しかし「確実なこと」を想定して戦略を計画するというのは、戦争の歴史であまりにも多く証明されているように、数ある軍事戦略の失敗の中でも最悪のものだ。マジノライン（訳注：フランスが第二次世界大戦前にドイツの侵攻に備えて作り上げた国境付近の壁のこと。いざ戦争が始まると、ドイツ側はこの壁を迂回して軽々と侵入してきた）を作り上げた心理が持つ危険性は、陸上にもあるし、海上にもあるし、空中にもあるし、そして管理職の中にもあるのだ。

それでは総合戦略の基礎となる想定の話に戻るが、第四の想定は「**戦争における究極の決定権は、銃を持ってその場（戦場・現場）に立っている男が握る**」ということだ。この男は戦争の決定力であり、彼こそが支配力である。誰が勝つのかは彼が決めるのだ。この主張があまりにも絶対的であると非難する人もいるかもしれない。しかしこれは私の信条なのだが、たとえ現代の戦争で他の手段が決定的な影響力を持ち、敵にどのような荒廃や破壊を与えたとしても、もし戦略家が最後の究極的な支配をしようとするなら、銃を持った男を実際にその場に立たせるか、もしくはすぐにでも立つことができるような状況を作らなければならないのだ。これこそが兵士の役割なのだ。

これらの四つの想定の中で、私は最初の三つが特に絶対的に重要であると考えている。もちろん四番目の想定も前の三つと同じくらい重要なのだが、これからも議論が続けられて行くためには、これらの想定が受け入れられて認知されることがまず必要だ。この四番目の「その場にいる兵士が戦争の究極の決定権を持つ」という想定は、立場によってはかなり異なる意見もあるはずだ。たとえばドゥーエの理論を純化したものでは、これとは全く反対の想定がなされている。暗に兵士の不要性を説いているドゥーエの理論は、この四番目の想定を受け入れることができないからだ。ところが私は「いつでも兵士を決定的な場所に実際に立たせることが必要だ」と主張しているわけではない。しかし私は最後の調停者としての兵士がその場に立つのが可能であり、しかもそれが明らかに可能であると敵側に思われることが重要だと考えている。たとえば第二次世界大戦の太平洋戦線では、日本の本土にアメリカ軍が上陸する前に戦争の決着がついたのだが、これは日本が降服しないとアメリカ軍兵士の本土到着が避けられない状態にあったからだ。それといくらか似たような状況では、マルタ島の例がある。マルタ島はこの時の日本と同じく戦争の被害と食糧難にあえいでいたのだが、日本の時と違うのは、ドイツやイタリアはマルタ島に対して軍事侵攻が不可避であるような状況を作れなかったということだ。つまり「その場に立つ兵士」が迫ってくる様子はなかった。よってマルタ島は支配されず、降服もしなかったのだ。

この四番目の想定、つまり銃を持った男が実際に、もしくは潜在的にその場に立てるかどうかという想定は、もしかしたら戦争の総合理論にダメージを与えることなく切り捨てることができるかもしれない。現在の私は、実際的な状況を考えればこれを切り捨てることはできるし、むしろそうするべきである、とまでは考えていない。私から見れば、この四番目の想定は、単なる反対論ではなく、これを切り捨てることができるような説得力のある議論が現れるまでは、ずっと必要であるように思えるのだ。

註

（1）これと同様の想定に関する議論を、私は別の論文で多少違う形で行っている。US Naval Institute, *Proceedings*, Vol. 83, No. 8（August, 1957），pp. 811-17.

（2）この「戦争とは他の手段をもってする政策の継続にすぎない」という言葉は、軍事系の大学の講義や論文や議論でよく出くわす。残念なことに、これは正しい引用ではない。一九四三年のモダンライブラリー版の五九六頁によれば、実際にクラウゼヴィッツが書いたのは、「戦争とは、他の手段が混合している単なる政治取引の継続にすぎない」というものであった。その後の数頁において、クラウゼヴィッツは軍事行動が政治目的のために使われなければならないことを力説している。これに気づいて論じている人はほとんどいない。しかし私がここで問題にしているのは、クラウゼヴィッツ自身が言っていたことではなくて、クラウゼヴィッツを不正確に解釈している多数の人々のことだ。

（3）*Theory of Games and Economic Behavior* by John von Neumann（John Wiley Science Editions, 1954）and *Strategy in Poker, Business and War* by John McDonald（Norton, 1950）.

8　総合理論の発展

ここまでの議論で、我々は戦争とその戦略について四つのアイディアを確認できたはずである。それは「戦争は起こる」、「戦争の目的は敵をある程度コントロールすることにある」、「戦争のパターンは予測不能」、そして「戦争の結果を究極的に左右するのは、戦場で銃を持った男である」ということだ。

では、すべての戦争に共通なパターンというものはあるのだろうか？　戦争を一般的な言葉で表現するにはどうすればいいのだろうか？　私はこれを以下のように簡潔にまとめることができると考えている。

侵略者側（aggressor）――私はこの言葉をあえて「侵略」という言葉から想像される感情的・道徳的な意味を含めて使うが――について言えることは、彼らにとって戦争のパターンというのは、主に軍事的な手段によって防護者側（conservator）（1）をコントロールし、防護者側に侵略者側の要求を強制的に飲ませるような方法を確立し、それを維持することで構成されている、ということだ。もし侵略者側が相手に対してある程度の暫定的な支配というものを確立することができれば、彼はそのまま勝利へ向かって突き進むか、それともその途中で戦況が行き詰まり、ある種の均衡状態が生まれて両陣営とも状況を打開できなくなるような勝負のハッキリしない状態になるかのどちらかである。

このようなタイプの戦争を詳しく説明する前に、我々は防護者側の視点から物事を見る必要がある。彼にとってこの戦争では、まずトラブルに悩まされ、全力で助けを求めて敵の支配から逃れようとする最初の段階がある。この段階で侵略者側の支配を減少させることができなければ彼は負けるのだが、もしこの減少に成功して侵略者側の勢いを殺すことできれば、すでに述べたような戦況の均衡状態に持ち込むことができるのだ。

ここでハッキリと述べておかなければならないのは、この「均衡」(equilibrium)という言葉は物事の完全な停止状態を意味するわけではない(もちろんそのように考えることもできるが)ということだ。むしろこれはどちらにも明らかな優位が存在せず、双方の持つ目立たない部分での優位さえも、戦争の流れを決定する累積的な効果によって相殺されてしまうような、流動的かつダイナミックで決着のつかない状態のことを示すのだ。

侵略者と防護者の双方において戦争の決定的な決断が下されるのは、この時である。侵略者側にとってはこのまま自分が最初に決めたパターンを続けるのか、もしくは途中で進路変更して別の戦略的決定を行うかという問題になる。均衡状態が生まれてから侵略者が今までのやり方を変えたという例は本当に少ないのだが、これは戦略思想家にとってもこれを理解して実行に移すのがいかに難しいものであるかをよく示しているといえよう。ソ連侵攻の際にヒトラーが頑固に同じ作戦を続行したのは、この判断の根本的な難しさ示す最も顕著な例であるといってよい。

防護者側にとって、均衡状態が生まれるということは、重大な決断をする瞬間の到来を意味する。問題はこれがあまりにも単純に言い表すことができてしまうことにある。ようするに彼は、最初に侵略者によって設定されたパターン、つまり侵略者側が最初に「自分にとって有利だ」と考えていたやり方に沿って戦争を続けるのか、それともあえてそのやり方を自分の望むほうに変更し、戦争の「重心」(the center of gravity)を新たな状況、もしくは自ら好む状況へとシフトさせるなどして、戦争を新しいやり方か、それとも最初から相手に押し付けられたやり方で続けるのか、という選択に直面するのだ。

議論を先に進める前に注意していただきたいのは、私がこのように戦争を「侵略者―防護者」という関係に単純化して考えるやり方を使ったのは、ただ単に二つの陣営の交戦する様子を簡単に示したかったからである。もちろんこの中間のケースとしては、お互いの同意によって戦争が始められる場合や、思いも寄らずに偶然から戦争が始まって両陣営とも驚いてしまうものなどがあるだろう。このような状況で、もしどちらも初期段階に支配的で優位な状況を作れず戦争に決着をつけられないという場合は、すでに述べたような均衡状態が発生してしまう。戦局を有利にする場面・場所・行動に「重心」をシフトさせることによって、戦争の流れを支配できるかどうか、そしてもしできるとすればどのように支配したらよいのか――双方ともこのような根本的な決断を迫られるのだ。

このようなすべての状況、あらゆる戦争のすべての期間、そして時と場所を問わず、戦略家が直面する基本的な問題は、戦争の「重心」はどこにあるのか、そしてそれは敵が望むところにあるのか、それとも戦略家が願っているところにあるのか、というものなのだ。

これを戦争の中心的な問題として認識して行動を起こせるような意識（あるいは無意識の場合が多いかも知れないが）上の能力の違いというのは、戦争においてアレクサンダー大王（Alexander the Great）やスキピオ（Scipio Africanus）、シャーマン（William T. Sherman）やチャーチル（Winston Churchill）などの優れた個人が持っている能力と、それ以下の人間の集団が持つ能力ほどの差がある。戦争の勢いを敵から自分のほうへ引き寄せることができるような、戦略家が背負うことになるはかり知れないほどの責任——軍事的、政治的、心理的、経済的、あるいは自分への責任——については、これ以上くわしく述べる必要はないであろう（そして「重心」や「場面」（scene）などの言葉も、すでに論じたような戦略用語の不足という問題からきていることはここでも強調されておくべきだ。この二つの言葉は地理的な意味だけに限定されるものではなく、戦争の特定の場所以外にも、質や傾向や特徴というものが意図的に含まれている）。

あらゆる戦争における戦略的な重点や重心というものは、その規模の大小や限定か無制限かということに関係なく、すべての戦略家が獲得しようとしなければならない基本的な優位なのだ。それらは戦争の実行において根本的なカギとなるからだ。

重心を巧みに操作して戦争のパターンを確立してコントロールするためには、この重心がどの方向に向かいつつあるのか、そしてそれが最終的にどのような効果として現れるのか、ということが戦略家の頭の中でハッキリと理解されていることが肝心だ。さらには、この重心が敵の過敏に反応しやすい部分に到達することが重要で、これが国家の頸動脈にあたるような急所であればなお理想的だ。また、これは少なくとも敵にとっては神経痛程度の痛みを引き起こし、戦略家が流れを支配できるほど敵に影響を与えられるものであるべきだ。これをごく単純に言えば、戦略家によって動かされる戦争の「重心」は、このような敵の最も致命的かつ最も脆弱な箇所に向けられるべきなのだ。もちろん実践段階ではこの二つの要求を完全に満たせることはほとんどありえないのだが、とにかく戦略家がこの目標に近づくことによって、戦争の流れの完全な支配に近づくことができる。

よって、戦略の総合理論というものは以下のようなポイントを発展させたものでなければならないことがわかる。

① 戦略家が実戦時に目指さなければいけない最大の目標は、自分の意図した度合いで敵をコントロールすること。
② これは、戦争のパターン（形態）を支配することによって達成される。
③ この戦争のパターンの支配は、味方にとっては有利、そして敵にとって不利になるようなところへ「重心」を動かすことによって実現される。

したがって、成功する戦略家というのは、戦争の性質、配置、タイミング、そして「重心」をコントロールし、そしてそれによって生まれた戦争の流れを自分の目的のために利用できる人のことを言うのだ。

このような短い議論の中には古典的な史実の中の実際例による検証は入っていないが、いくつかの例を考えてみてもらえば、この議論の意味しているところがもう少しよくおわかりいただけるはずだ。リデルハートは著書『スキピオ・アフリカヌス』(*A Greater than Napoleon*)の中で、スキピオ・アフリカヌス(大スキピオ)の驚くべき話や、彼がハンニバルやカルタゴを打ち破った天才的な戦略の才能について書いているが、この中で彼はスキピオが使った「間接アプローチ」を浮き彫りにしている。

これをわかりやすくするために、話をかいつまんで説明しよう。ハンニバルはイタリアに腰をすえ、ローマの将軍たちも彼を追い出すことができなかった。つまりハンニバルは戦争のパターンをコントロールしていたことになる。スキピオはローマの将軍に任命されると、まずはこの戦争(訳注:第二次ポエニ戦争)の「重心」をイタリア半島からスペインへと移し、カルタゴからハンニバルの元へ供給される兵士と物資の流れを遮断したのだ。スキピオは、次に「重心」をカルタゴ付近のアフリカ沿岸に移したが、これはカルタゴを非常にいらだたせることになり、これによってハンニバルはスキピオが設定した戦争のパターンに従わざるを得ない状況になった。ハンニバルは指揮下にあったカルタゴ軍をイタリアからカルタゴまで連れ戻している。その後、スキピオは戦場の中心地を敵が守りを固めつつあったカルタゴ周辺からカルタゴが食料を得ていた谷間周辺に移している。ハンニバルはこれに対応して新しい動きをせざるを得なくなり、スキピオによって作り上げられた状況の中で、スキピオが選んだ戦場で戦わされるはめになった。このザマの戦いでローマ軍に負けたことは、カルタゴにとって致命的になった。

この偉大な軍師同士の対決の様子は、戦争において勝者となるためには戦略的な「重心」を操作することがいかに重要かを教えてくれる最高の例である。スキピオは実質的にハンニバル率いるカルタゴ軍の元々もっていた脆弱な箇所を次々と三つ（ハンニバルの基地↓ハンニバルの都市カルタゴ↓カルタゴの穀倉地帯）選んでいったわけであり、ハンニバルはここに圧力をかけられて、スキピオの望む戦争のパターンに従わざるを得なかった。ハンニバルはスキピオが望むように戦うしかなく、決定的な瞬間が訪れた時には、すでにそのパターンはスキピオの望んだ通りになっていたのだ。

百年以上前に、アメリカでは三年間にわたってほぼ流動的な均衡状態で戦われた戦争（訳注：南北戦争）があった。この均衡状態は、やや力の弱い南部連合によって保たれていたと言ってよい。なぜなら戦争のパターンを決めていたのは主に南軍側だったからなのだが、それよりもむしろ北軍は戦争のパターンを決めるような行動を起こしていなかった、と言ったほうが良いかも知れない。戦争の重点はヴァージニア北部に残ったままであったが、これは誰かが意図したからそうなったわけではなく、初めからそのままの状態で戦争が続いていたからだ。南部連合軍は戦場を北部に移そうとして戦ったゲティスバーグで敗れてからヴァージニア北部で戦うしか選択肢は残されておらず、北軍もこの地域で戦うことに満足しているようだった。

最終的にグラント将軍は西部で多少プレッシャーをかけ、ミシシッピ川近辺に戦争の二番目の重心ができることになった。シャーマン(2)はこのチャンスを利用して、ヴァージニアでの戦闘がいまだに続いていたにもかかわらず、本物の重心をアパラチア山脈を越えた南部連合の中心地に移動させた。つまりシャーマンは進軍すると同時に戦争の重心地を動かしており、これ以降の戦争のパターンは彼が握ることになったのだ。ヴァージニア州のアパマトックスにおける南部連合軍の降服は、北にいたグラントの行動よりも、南にいたシャーマンの行動によってもたらされたものである。

戦争の重心を、南軍のもっとも敏感で脆弱な場所に向かわせてぶつけたのはシャーマンである。アパラチア山脈を越えはじめた瞬間からアパマトックス郊外で決着をつけるまで、彼は戦争の流れを支配していたのだ。

陸上軍の順次戦略と、北軍の海上封鎖による累積戦略の侵食作用――この効果はあまりにゆるやかなために、実際に効いていることを確認するのが難しい――の間の相互関係を証明するような分析は、歴史家があくびをするほど簡単な歴史分析においてでさえも、実は今まで一度も行われたことがない。

しかしほぼ確実に言えることは、シャーマンのこの一連の行動は、これより二年前の状況、つまり南部連合側が海上での戦争による累積効果によって回復力の著しい減少を強く感じるようになる時点よりも前の状況では実行不可能であった、ということだ。

第一次世界大戦の全体像を眺めても、我々はこれと似たようなパターンを確認することができる。しかしここで一つだけ大きな違いがある。戦争の初期のパターンはドイツ側によって決定されたのであり、戦争の「重心」は、連合国側の地理の中枢地帯にほぼ直接置かれることになったことだ。均衡状態が生まれる前に戦争の流れを支配していたのはドイツ側であったため、戦場はドイツ側よりも連合国側にとって遥かに近い不利な場所に置かれることになった。

この戦争では、連合国側が戦争のパターンを支配しようとして起こした行動は、全体を通じてもたった二回しかない。失敗に終わった一つ目はダーダネルス海峡で起こったもの（訳注：

イギリス軍がガリポリへの上陸を失敗して撤退したこと）であり、この時の戦術的な失策があまりにも大きかったために、その場所の戦略的な重要性を一世代にわたって忘れさせてしまったほどだ。戦争について後から「こうすればこうなった」ということを論じるのは無意味なことかも知れないが、このケースはあまりにも印象的なものであり、そのまま黙って通過するわけにはいかない。

もしダーダネルス海峡への強襲が元々準備されていた部隊よりも低い能力の部隊を使って、最初に敵側の取るに足らない抵抗に向かって実行されていたとしても、以下のような三つの大きな戦果をあげることができたはずである。

一つ目は、これによってロシアの崩壊の時期をもう少し遅らせ、ロシアの混乱の中から共産主義者以外の別の組織が生まれ、彼らが政権を担うことになったかもしれない、ということだ。

二つ目は、これによって新たな「重心」がドイツ背後の脆弱な地域に置かれることになり、ドイツはこの新たな戦争のパターンに従わざるを得なくなったかもしれない、ということだ。この結果がどうなっていたのかは誰にも答えることはできないが、うまく行けば、この地域にあるドイツの同盟国が動揺し、ドイツは自分の好まざる場所で戦わざるを得なくなり、バルカン半島やハンガリーの穀倉地帯からの危機によって、経済的にも政治的にも、そしてさらには軍事的にもピンチに陥ったはずなのだ。

三つ目は、このトルコ周辺の海峡での作戦を成功させることができれば、海洋国家である西側諸国は、大きく開けたバルト海からドイツの中心部へ侵攻するというシナリオも考えられるようになったはずだ、ということである。戦争初期の段階にドイツによって決められた戦争のパターンを誰も変更しようとせず、しかもドイツよりも常に強かった西側の連合国でさえ、何年間も盲目的にそれに従っていたという事実は、実に不可解なのだ。

ダーダネルス海峡における無駄な行動の他に、フランス以外の場所で行われた戦闘で唯一触れておく価値があるのは、連合国側が海を支配して海上封鎖を行っていたという事実である。この累積戦略は、その六〇年前にアメリカで行われていたものと同様に、最終的に敵を打ち負かす効果をあげたのだ。実際のところ、第一次世界大戦ではシャーマンに匹敵できるような順次戦略は使われなかったため、連合国側が西部戦線でのドロ沼と塹壕を乗り越えて勝った際、最も決定的な要因となったのはドイツを経済的（そして政治的、社会的）に窒息させることを狙ったこの海上封鎖のような戦略であったのだが、この事実は最近ようやく一般に知られるようになってきたばかりだ。

第二次世界大戦の例で考えてみた場合、とりあえず三箇所で別々の戦争が同時に行われていたことがわかる。これは西ヨーロッパ、ロシア、そして太平洋なのだが、二つのケース――西側連合国は日本よりもまずドイツを倒すことが重要だと強く決断していたというケース、そしてドイツが敗戦直前に国境の西と東のどちらを守るかどうかで国内的にもめていたケース――を除けば、この三つにはあまり多くの相互関係がない。

西ヨーロッパの戦線において、ドイツは第一次世界大戦の時は固い守りでイギリス海峡ににらみを利かせていたのだが、第二次世界大戦では流動的な均衡状態に直面する前に、はるかに速いスピードで、しかもかなりの距離を進撃しおわっていたのだ。

連合国側がこの戦争のヨーロッパ戦線において最初に選んで戦うことができた場所は、一九四二年末のアフリカ北西部であろう。西側の連合軍が戦略のパターンを掌握したのはこの時からである。戦争の「重心」がシチリア島、イタリアに移ることになり、最終的にはこれが「場所」と「タイミング」、その「効果」などが全て連合国側に有利になるように設定されたノルマンディーへと移って行ったのである。もうひとつの「重心」である航空戦の舞台は、イギリスと海峡からフランス、そしてドイツへと移って行っている。

開戦当初の西側の連合軍は、力ではるかに勝るドイツに対して、あまり好ましいとはいえないポジションにあったのだが、最終的にはヨーロッパ戦線では余力を残して決着をつけることができた。

ロシア内の戦争において、ドイツは開戦当初から均衡状態になるまではほとんど信じられないような大成功を収めているが、一旦その状態に行きついてしまうと、今度はソ連側がドイツの攻撃に耐えつつ、激戦を繰り返して相手を疲弊させ、新しく出てきた消耗戦的なパターンに沿って戦い続けたのだ。ほんのわずかな例をのぞけば、ロシア側は持てる力とマンパワーを全て発揮しつつ戦っており、その一方でヒトラーは部下の将校たちの素晴らしい戦術的な動きをわざと無効化するようなことをしていたのである。絶対にやってはいけない無益な行動であるということ以外には、ロシアで起こっていた戦争から戦略面で学ぶことはほとんどない。この戦争で双方が進軍する際にかかったコストははかり知れないものがある。ベルリンからモスクワの往復の距離はあまりにも長いのだ。しかもこれはすでに（訳注：ナポレオンのモスクワ侵攻などで）何度も無駄な行為であることが歴史的にも証明されている。

陸上戦ではなく海洋戦であった太平洋戦線では、開戦当初の戦争のパターンは日本の南方諸島への動きによって決定されている。ここでの均衡状態と呼べるようなものは、アメリカ軍が（数千マイル離れたミッドウェイでの勝利によって得ることになった）ソロモン諸島とニューギニアを確保した時と、同時に日本がインド洋とその沿岸全域の直接支配を諦めた瞬間に発生したと言ってよい。

アメリカは一九四三年のこの時点から太平洋戦線において攻勢に転じたのであり、戦争の重心を東南アジアと東インド諸島から太平洋中央部へと移したのである。太平洋南西部に二番目の重心と呼べるものがあったのは確かであるが、中心となったのはやはり太平洋中央部であり、最初はそれがアジア大陸沿岸と日本を結ぶ海洋交易路のある西側へと向かっていたのが、その後、それは帝国の中心地である日本本土へと向かうことになった。太平洋中央部の諸島に向かって戦力を集中してからは、アメリカは最後まで戦争のパターンを完全に支配している。

これらの実例で、おそらく「重心の操作」や、「戦争のパターンの支配」というものがどういうものであるかを少しは理解していただけたはずである。

註

（1）我々はここでまた戦略関連で使われる専門用語の不足という問題に直面してしまう。私はこの議論で防護者という言葉を使ったが、これは我々が使う普段の言葉の中にこれを示すような適当な言葉が見当たらなかったからだ。

（2）これもリデルハートによる。彼の書いたシャーマンの伝記は、彼の生涯や戦略について書かれたものの中でも飛びぬけて優秀だ。

9　理論を応用するための教訓

もしこれまで私が行ってきたこのような戦略の総合理論の説明に、中身があり、正当性があり、実践性が伴っているものであるとすれば、兵士、水兵、飛行機乗り、政治家、経済学者、そして哲学者たちが持つ共通の目標に向かう際に必要となる才能を発揮するための、共通で基本的な考えの枠組みを提供することができたことになる。

四つの限定的な戦略——陸上理論、海洋理論、航空理論、そして毛沢東の理論——にリデルハートの守備範囲の広い「間接アプローチ」を加えて検証してみるとわかるのは、すでに提唱されたような総合理論というのは、これまでの限定的な理論を、その想定なども含めて、すべて適合させるものでなければならないということだ。

これを実例でたとえてみると、たとえば農民たちを共産主義のコントロール下に置くことができれば、これは総合理論の枠内に毛沢東の人民解放戦争の理論が当てはまるということになる。また、強烈な破壊によってある程度のコントロールができるということになれば、これは航空理論もしくは宇宙戦略理論を修正したものが、総合理論の枠内に当てはまることになる。

これを言い換えれば、後者は前者に当てはまるような文脈（コンテクスト）や焦点を前者に与えることになる、という意味だ。もし海洋交通路と支配がある戦争の焦点になってきた場合、海洋理論と海軍というものの重要性が増し、これが総合理論のコンセプトの枠内に当てはまってくるということになり、また戦況で大規模な陸上戦が関係してくることになれば、全体的な大きな枠組みの中の陸上理論が妥当性を帯びてきて、その利便性も高まるということになる。

このようなことをまとめると、ある戦略を計画または構成する際に有意義となる、三つの教訓が出てくることになる。

まず一つ目の教訓だが、すでに述べたように、「もし限定的な理論が持つ想定が現実と一致する場合には、その理論が応用できる」ということだ。これを逆に言えば、我々は敵側にとっての特定の一つの想定が現実化してしまうのを防ぐことによって、敵の強さのカギを握る要素をその紛争から取り除いてしまうこともできることになる。

一九五〇年の朝鮮戦争をこのような視点から見てみよう。戦線の後方にある我々の航空基地や空母に対して攻撃を仕掛けなかったという意味で、共産主義陣営は我々に「空の聖域」を与えてくれていたことになる。ところが逆に我々はこの状態に甘えて戦略爆撃機を本格的に投入しておらず、その証拠に我々はヤールー川（鴨緑江）を越えて爆撃をしていない。あるいはこの逆の状況が正しかったのかもしれない。つまり我々がヤールー川を越えて爆撃をしなかったために、彼らは我々の船舶に対して攻撃をしなかったということだ。何はともあれ、双方ともお互いが何をしようとしてどのような理由をもっているのかを、ある程度理解しながら戦争をしていたのだ。このような例外では、たとえば航空戦略の理論から戦略爆撃の役割というものを取り除いてしまうことによって、理論が想定している現実を引き離すことになる。よってこれは理論では想定されていない、戦略爆撃機が存在しない「間違った戦争」ということになってしまい、朝鮮戦争では戦略空軍司令部の持っていた力がまったく考慮されないという事態に陥ってしまったのだ。

もう一つ別の例は毛沢東の理論である。この理論は、農民をコントロールすることを主張している。我々が南ベトナムで行おうとしていたことは、この毛沢東の理論を根底からくつがえそうとするものだった。たとえば一九六三年頃に実行された「戦略村プログラム」（**strategic hamlet**）は、農民を共産主義の支配から防いで隔離することを狙って行われたものだった。これはつまり魚（ゲリラ）が泳ぐことができる水（人民）を取り除こうとするものだったのだ。十年ほど前のフランスは、現在は北ベトナムとなった場所で、このような農民を共産主義の支配から隔離する計画を実行し忘れて失敗している。そもそも適度な数の農民たちを革命側に引き入れることができなければ、共産主義者たちは人民解放戦争を始めることさえもできないのだ。

誰もラオスの例を指摘していないが、同じような推論を行っていくと、敵の想定を無効にするという作戦がこの場所では困難であることがよくわかる。ラオスは我々が海からアクセスできないところで共産主義者たちと対峙している、世界でも珍しい場所である。海から直接アクセスできないため、我々の海洋面での強みがラオスに対しては（それが直接的、間接的であるに関わらず）全く活用できないことになるのだ。我々の国家の持つ海洋面での力を利用できない場所というのは世界中でもその数が限られているのだが、実際にそういう状況があり、しかも海洋戦略の考え方が直接使えないとなると、問題はさらに深刻になる。よってこのような場合は、普段は海洋面での力によって得られる効果をそれ以外の要素によって補うことが必要になってくる。たとえば我々がアフガニスタンでの紛争に介入していると仮定してみよう。この場合は空中輸送、空中投下、そして現地への到着や航空支援などが、空軍自身だけのためではなくて、海軍のためにも行われる必要が出てくる。

これを実際にあった話でたとえてみよう。一九三九年に海洋国家であるイギリスは、大陸国家であるドイツの脅威に直面していたポーランドを支援することを約束していた。この当時のポーランドは海からアクセスできない場所にあり、イギリスの道徳的もしくは政治的な力がいかに強くとも、この状況では現実的にイギリスの持つ海洋面での力を発揮してポーランドを支援することは無理だったのだ。

ここから明らかなのは、我々が戦略計画を練る初期の段階では、敵の考えのパターンとその考えの元になっている想定というものを、かなり注意深く分析する必要があるということだ。もし敵側の理論を無効化することができれば、我々は敵の行動をまったく役立たずにすることができる。このような検証が行われれば、コントロールの確立をする際に決定的になる、何か重要なことを発見できるかもしれない。

この「コントロール」という言葉が出てきたところで、二つ目の教訓に移ろう。これは戦争の道具としての統計分析と、その有用性に関係してくる。

第二次世界大戦中に「オペレーション・リサーチ」(operation research)という名で知られる

方法論が、兵器や兵器システムを使う時や、特に大西洋における対潜水艦戦の際に、かなり有効な助けとなったことがある。戦後はこの統計やその他の数学的なテクニックの応用がさらに進められ、これらは作戦面での使用だけでなく、戦争で使われる様々な手段の基本的な有用性などを比較・分析することにまで拡大していった。戦後すぐの頃には、このようなテクニックが敵地への侵入率、防御率、損害率の計算など、エアパワー関連の分野で使用されて大成功を収めている。

これがあまりにも効率よく有用的なテクニックだったため、これはある一つのシステム全体、もしくはそのシステムの集合などの相対的な価値を判断する際の助けとなるような、一連の優秀な経営・管理事業の一環として拡大されていった。このおかげで、防衛管理や予算決定において「コストの効率」を考えることが必要不可欠なものになってきたのだ。

このシステムは、航空機やミサイル、そして防空やそれらに使われる弾頭などに関する計算には極めて効果的なものだ。しかし「コストの効率」の統計が他のタイプの戦争の分析に使われると思わぬ障害に突き当たり、その結果は不正確で全く使えないようなものになってしまっている。たとえば兵士は装甲部隊のコストの効率を計測するような試みには不快感を示しているし、水兵にとって一つの艦船や艦船のグループを統計的な分析にかけるという作業は受け入れがたいものだったのだ。このようなプロセスでは、飛行機やミサイル攻撃などの場合のようにスッキリと正確な数値を出す、というわけにはいかないのだ。

兵士も水兵もこの新しい経営革命にブツブツと文句を言っていたが、誰も統計の結果には正面から反論できるような状態ではなかった。

おそらくここでも同じだと思われるが、この問題の核心は、テクニックそのものよりも、それが基礎においていた理論にありそうなのだ。例えば航空戦略の理論は、敵を空から破壊することがその基礎にある。この破壊というのは、客観的に測定できる現象である。これはミサイルや爆弾の投下でも同じだ。しかし破壊というのは、陸上理論や海洋理論が想定している戦争において中心的な役割を果たすものだとは言い切れない部分があるのだ。

兵士が狙うべき目標は、敵の軍隊を圧倒することによって相手の戦う意志を破壊し、敵に対するコントロールを確立することである。水兵が狙うべき目標は、海の支配を確立して利用することであり、そして様々な方法のプレッシャーを使い、敵のいる陸に対して海からコントロールをすることである。

この二つのケースでわかるのは、「破壊」というのはコントロールという行為を行うためのたった一部の機能に過ぎないのであり、目標そのものにはなりえないのだ。兵士は敵に対する最終的なコントロールを、ある特定の場所（戦場など）に立つこと（プレゼンス）によって確立するのだ。水兵はコントロールを達成するときにその一部として破壊という手段を使うのだが、それと同じくらい他の手段も使うものなのだ。もちろん場合によっては、兵士と同じようにその場に現れること（プレゼンス）によってコントロールを確立することもある。また大抵の場合は、これが様々な政治的もしくは経済的な圧力によって確立されることになる。たとえばアメリカの第六艦隊は地中海における最も強力な政治的発言力を持っており、日常的な航行は軍事的なものと同じくらい外交的な影響力を持っているのだ。

ベルリンに駐留している部隊や、ペルシャ湾に浮かぶ駆逐艦などについては、一体どうやってコストの効率を計算すればよいのだろうか？　このようなタイプのコントロールというのは、もっと洗練された言い方でいえば、おそらく「影響」(influence) ということになるだろう。しかし、それもある一定の強さのコントロールという意味であり、戦略的な政策の道具としての価値を考えれば、コントロールというのは正当で有用な「目的」であるとも言えるのだ。

ここで指摘しておかなければならないのは、ある戦略のコンセプトが洗練されてくるに従って――そしてこれはその戦略で使われるテクノロジーの発達とは全く無関係であるが――その価値の統計分析はますます分かりにくいものになる、ということだ。「破壊」というのは計測可能であり、かなりの部分まで数学的に予測ができるものだ。ところが「コントロール」というのは生きている人間に関するものであり、おそらく今後も長期にわたって人間の主観的な判断に任せるしかないのだ。統計的な確率と人間の判断を比較検討することは、そもそもかなり困難だ。我々は人間の判断力以外にこれを行うテクニックをまだ持っていない。数学的な分析があまり役に立たないのは、戦略理論ならではの特徴である。

三番目の教訓は、総合理論と既存の四つの理論との間の関係から導き出せるようなものである。

本書では「戦略の狙い」というものが「何からの方法やあるタイプのコントロールにある」ということに落ちついたわけであり、また、戦略の総合理論というものは「兵士、水兵、飛行機乗り、政治家、経済学者、そして哲学者たちが各自持っている、共通の目標に向かう際に発揮される特別な才能を見るために参考となる、共通で基本的な枠組みを提供する」ものであると述べている。

ここで私が軍人以外に政治家、経済学者、哲学者を含めたのには理由がある。なぜなら、このコントロールというものが、直接的、間接的、希薄的、受動的、部分的、もしくは完全的なものであれ、軍事以外の分野でも様々な方法で追求されたり実行されたりしているからだ。外交分野ではこれが主に双方の合意によって発揮されているし、経済分野では主に自己利益の追求や、もっとも基本的なところでは自分の食生活のスタイルを守るという形で発揮されていたりもする。哲学的に考えれば、コントロールがもたらすプレッシャーや制約というのは、おそらく最も目立たないが広範囲にわたって強い効果を持つものなのかもしれないのだ。

これは、過去二千年にわたってキリスト教の哲学によって行われてきたコントロールや、共産主義の哲学によって行われてきたコントロール、そして「個人の自由」という哲学によって行われてきたコントロールを考えてみればよくわかる。

このように考えてみると、農村社会で「自由」を広めるという我々の戦略にとって最も危険な敵は毛沢東の「人民解放戦争」の理論であることになり、我々はこの大切な事実を見逃していたことに気づくのだ。

実は我々は直感的に、この問題を当初から認識していたといえる。南ベトナムにおける「戦略村プログラム」では、共産主義のゲリラという「魚」が「水」を得るのを困難にさせることが狙われていたのだ。アメリカの平和部隊（the Peace Corps）というのも、これとほぼ同じような方向性を持っていたといえる。ところが、そのどちらも問題の根本的な部分には気づいていなかったように思える。なぜなら「何のために」という哲学的な問題に取り組んでいなかったからだ。

だからといって、私はここで全く新しい形の宗教や、政治の仕組みが作られるべきだ、ということを提案しているわけではない。私がここで言いたいのは、少なくとも我々がすでに持っているもの（実際に優れたものばかりであるが）を、我々の直面する現実の状況に今までよりもさらに効果的に適用できるはずだ、ということなのだ。

長年にわたり、我々が持つ英米式の二大政党選挙システムによる民主制度は、政治における基本的な問題である権力の分配、実行、移行などを効率よく行う望ましいものとして認められている。またこの制度は、我々の文化の中で大きな役割を果たしているキリスト教的な精神倫理観による慣習を、我々に非常に満足した形で与えてくれることもよく知られている。

しかし我々はこの二つの制度を他国の社会に拡大させていく過程で、非常に大きな困難に直面してきた。我々の社会の根本にあり、たいていの場合はあまり表面には表れてこない「想定」というものを、我々が同盟国にしようとする、他文化を持つ国々の社会にうまく一致させることができなかったからだ。

もし我々がこの「想定」をその国の現実に合うように調整することができれば、我々はこのプロセスをさらに速く前進させることができるのかもしれないのだ。

この哲学的な戦略の実体を論理的に説明するのはかなり難しい。なぜならこの説明の際に参考となるような実例が不十分だからだ。この難しさは、もしかしたら私が哲学者ではなく水兵であることも関係しているかもしれない。とにかくここでは二つの例によって簡単な説明をすることはできる。

一つ目の例は、毛沢東がマルクスの理論を中国の現状に合うよう調整して使ったやり方だ。マルクスは、産業革命初期の混乱の中で損害を受けていた都市労働者に照準を合わせていた。ところがこのような人間は中国に存在しなかったか、もしくは存在したとしても、革命を効果的に引き起こすことができるだけの充分な数が足りなかったのだ。よって毛沢東はマルクスの理論を修正して農村の農民たちに照準を合わせ、結果的にこの修正理論は農村社会で莫大な効果を上げることになったのである。

もう一つの例はフィクションの世界の話なのだが、それでもこれは現在の我々が直面している「世界の中で、共産主義がまだ手をつけていない地域の人々を我々の味方に引き入れるためにはどのような戦略を使えばいいのか」という問題にとって大きなヒントを与えてくれるものだ。『醜いアメリカ人』(*The Ugly American*)(1)という小説の中に出てくるフィニアン神父は、東南アジアの外れまで布教活動に出かけ、村人たちに「合理的」な計画を使って共産主義を打ち倒す方法を教えている。

イエズス会の厳格な教養人としてもふさわしい、この架空のローマ・カソリックの司祭(2)は、その場の現実に根ざした戦略を編み出し、自身の計画を行動に移して共産主義の打倒という目的を達成しているのだ。

我々にとって必要なのは、このような戦略の論理的根拠を打ち立てることができるような「戦略を生み出す基盤」なのだ。もちろんこれがイエズス会のカソリック主義である必要は全くないし、宗教的な哲学でなくてもよい。しかし大切なのは、これがどのような地域の人々にとっても受け入れられることができるような哲学的基盤を持っていなければならない、ということであり、これは実際の現場の状況に(押し付けるのではなく)即したものでなければならない、ということだ。兵士にとって、自分の戦っている目的が信じることのできるだけの価値を持つものでなければならないのだ。理論の根本的な「想定」は、現実に当てはまるものでなければならない。

註

(1) バーディックとレダラー(Burdick and Lederer)の著書。この賛否両論ある本の意見に同意する・しないというのはここでは重要ではない。ここで大事なのは、この小説のエピソードが現実の状況に哲学的な論理的根拠を素晴らしい手法で適合させた例を見せているという点なのだ。

(2) この二人の著者たちは果たして南ベトナムの南端部に実在するホア神父をこの小説のモデルにしたのだろうか? もしそうだとしたらますますこの説明の信憑性が高いことになる。

10　結　論

前章の最後の部分で、私は本書で初めて軍事以外の戦略について触れた。私は、「実践の哲学」（philosophy-in-action）である戦略というものを、我々が日常的に紛争を目にすることができる政治や経済などの分野をわざと避けて論じたのだが、これには理由が二つある。

一つ目は、本書のはじめのほうでもすでに述べたように、「戦略は戦争や軍事的なものだけに使われるものではない」ということを強調するためだ。戦略の総合理論というのはどのような種類の紛争の状況にでも使えるものでなければならない。

二つ目は、軍事的な問題というのは、大きな社会的文脈（コンテクスト）――軍事的な問題はこの中で機能し、このために活用される――から切り離して考えることはほぼ不可能であることを強調するためだ。

これについて最近のわかりやすいものでは、キューバや南ベトナム、そしてヨーロッパのNATO（北大西洋条約機構）などの例が挙げられる。これらの例の中でも、軍事的な問題というのは全体のほんの一部を占めているにすぎない。これらやその他の状況に当てはまるような素を全て包括的に含むようなものでなければならないのだ。

まとめると、まず私は「過去と現在の戦略の考え方と批判には、その良い論理的基盤となるものがない」という前提から議論を始め、次に「戦略は、政府関係者たちや一般大衆だけでなく、学者達にも注目されるべきであると考える。なぜならとくに武力行使の問題に対して彼らに根本的で客観的な研究を行ってもらうことが必要だからだ」ということを説明しようとした。

これに続いて、私は現在の我々の状況を理解してもらうため、既存の軍事力の理論を解説したものが少ないことを指摘し、これに加えてこれらの理論がある状況に直面した時にそれぞれ限界を持っていることを述べた。軍事力の理論を論じる過程で、私は毛沢東の理論を戦略理論として扱いつつ、同時に政治哲学の領域にも足を入れて論じている。これが正しいのかどうかを検証するには、ベトナムの例を見るだけで充分であろう。

その後、私は軍事／非軍事に関係なく、全ての「パワーをめぐる争い」というものに共通する一つの要素について論じた。この共通要素とは、ある社会的組織が別の組織に対して様々な形式、程度、範囲などによって行う「コントロール」という概念である。私は自分の仕事の専門分野と関係している事情から、軍事面でのコントロールについて論じている。しかし私はこれによって、軍事によるコントロールや、広い意味での軍事というものが、それ自体単独で扱うことはほとんど無理であることを理解して欲しいと思っている。なぜなら軍事というものは、それ単独では考えられないほど社会全体の権力構造の中に織り込まれているものだからだ。したがって、戦略の総合戦略というものは、軍事だけでなく、すべての形のパワーに関する理論でなければならないと私は考えている。

この理論を構築するに当たって、私は軍事力の行使というアイディアの中に含まれる「重心」や「焦点」というものは、「コントロール」（つまり目的）という概念に向かうための力と方向を与えるものであるとしており、その目的を達成するためのいくつかの方法と一緒にまとめて説明した。戦略の目的は敵をコントロールすることにあるのであり、その目的を達成するために、戦争では重心を操作するという手段が使われるのだ。

最後に述べておかなければならないのは、すでに本書の「まえがき」でも述べたように、私は自分の総合理論の考察が本当に正しいものかどうかを判断する立場にはない、ということだ。もし誰かがこの私の試みに刺激され、私の提唱した理論を改良したり、修正したり、またはまったく別の良いものを提唱してくれるのなら、本書は有益な目的のために役立ったと言えるのかも知れない。

戦略に知的な秩序を取り入れる方法は、まだほとんど発展させられていないのだ。

あとがき――二十年後

私は一九五〇年に「なぜ我々には海軍が必要なのか」というテーマのコースを学生に教えるために、アメリカの海軍大学の同僚(1)と二人で授業の内容を計画したことがある。もちろん我々が求めていたのは、机をバシバシ叩きながら「海軍が必要なのは当たり前だ！　そんなのアホでも知っておる！」と叫ぶようなものではなく、もっと鋭い理性的な答えであった。我々はアメリカ東部の沿岸部を行き来して、おそらく二十数校ほどの大学の学者たちにこの問題にどのように取り組むことができるのかアドバイスを聞いてまわった。

彼らのほとんどは、そもそもはじめからなぜこんな話し合いが必要なのかを理解できていなかった。またその中の何人かは、彼らの専門分野、つまり歴史、経済学、社会学、政治科学などの中に答えがあると我々に説明している。

ところがこの中で、全く同じ答えを、別々の角度から述べた人が二人いた。ちなみにこの二人の答えはあまりにも難解で、私たちは彼らの言った事を理解するのに一日以上かかった。その内の一人はニュージャージーにあるプリンストン大学高等研究所のジョン・フォン・ノイマン（John von Neumann）教授であり、もう一人は経済学者から社会学者、そして政治学者になり、当時はイェール大学法学部に所属していたハロルド・ラスウェル（Harold Lasswell）教授である。

この二人がそれぞれ別々の言葉で教えてくれたのは、「我々にはセオリーが必要であり、そしてこれを説明するための専門用語も必要だ。この二つの知性的道具を駆使することによって、我々は初めて海軍が必要な理由を説明できる」ということだった。

これが、それから数年後に完成した本書を書く最初のきっかけとなった。私が本書の10頁の三番目の段落（第一章）に書いたノイマン／ラスウェル的なアイディアを引用すれば、「戦略を研究のテーマにすることに関して言えば、まずどのように研究するのかという枠組みがあまりハッキリと示されているわけでもないし、それについての専門用語などはほぼ皆無である。何かしらの包括的な理論的モデルを形成すること、そしてこのテーマに適当な専門用語を発展させること――最初に求められているのは、この二つの作業である……」ということになる。

私はすでに存在していた四つの戦略理論について書いたが、これらについてはほとんどの人が公式には「理論である」という事実さえ認めていなかったようである。私はこの四つの理論を、たいていは言葉にも表されておらず、しかも基本的な条件が制約されている中での想定を基礎においた「限定的な理論」であるとした。その後、私はいつでもどこでもどのような状況でも使えるような総合理論の開発に取り掛かっている。そして最後に私は、誰でもやる気のある人なら、私のこの理論を変更したり、修正を加えたり、もしくは新しいものに取替えてもいい、と提案したのだ。

ところが私が知っている限りでは、まだ誰もこれに気づいて反応した者はいない。この理由が、この理論があまりに正しいことが明確で否定する必要がないからか、それとも全く必要性がないものだからかどうかは、私も知らない。私は後者だと思っているが、とにかく本当に実際のところがわからないのだ。

ここでもう一度言っておくべきなのかも知れないが、理論（セオリー）とは——私はこれを社会科学系のものではなくて、より自然科学のものに近い意味で使っているのだが——「アイディア」であり、「体系」であり、将来同じような状況が出てきたときに予測や見通しを立てられることができるような、すでに起こった事実を元に予測して物事を説明することができるようにした、ある特定のパターンの関係状態を表したものなのだ。ある理論が永遠に正しいということを「証明」しつづけることは不可能である。その理論のパターンから外れた例外的な結果が起こる可能性は常にあるからだ。このようなことが実際に起こった場合、我々は始めからやり直して理論を破棄するか、この例外的な結果をうまく説明できるようにするために理論を修正しなくてはならない。

私はいまだに本書で説明した自分の理論が正しく、まだ誤りが実証されていないと考えている。よってもう一度本書の99頁（第八章）に書いた、以下の言葉から議論を始めても良いかもしれない。

①戦略家が実戦時に目指さなければいけない最大の目標は、自分の意図した度合いで敵をコントロールすること。

②これは、戦争のパターン（形態）を支配することによって達成される。
③この戦争のパターンの支配は、味方にとっては有利、そして敵にとって不利になるようなところへ「重心」を動かすことによって実現される。

したがって、成功する戦略家というのは、戦争の性質、配置、タイミング、そして「重心」をコントロールし、そしてそれによって生まれた戦争の流れを自分の目的のために利用できる人のことを言うのだ。

この文であるが、私は意図的にとても広範囲な意味にとれるようにしている。もし「戦略」というものを「ある目的を達成するために使われる、何かをするための計画である」という前提を受け入れるとすれば、この一文はかなり適切で正確な説明をしていることになる。あらゆる戦略の狙い——陸上、海洋、航空、外交、経済、社会、政治、ポーカーゲーム、または若い女性を獲得すること——というのは、それが友達であれ、中立な立場にある人であれ、もしくは敵であれ、とにかくその相手に対して「自分の戦略の目標に沿うようなある程度のコントロール」を実現することにあるのだ。私はここで「コントロール」（control）という言葉を使っているが、これは他に適切な言葉が見つからないからだ。戦略用語のボキャブラリーには適当に当てはまるものが少なすぎる。「コントロール」という意味だが、多くのケースでは「影響」（influence）という言葉のほうが適当な場合もあるだろうし、「支配」（dominance）という言葉が良い場合も少なからずあるだろう。これは皆さんの自由な選択に任せるし、もし別のよい言葉が見つかれば、皆さんはそれを使ってもかまわない。とにかく私は「コントロール」という言葉が最も広範囲に当てはまりそうだから使っているだけにすぎないのだ。

海洋戦略の場合（これは当然のように私が最も興味のある分野なのだが）で考えてみると、この戦略の狙いは「海から陸をコントロールする」ということになる。ここで注意していただきたいのは、よく議論される「海の支配」というものは、この目的を達成するための前段階、つまり「手段」でしかないということだ。また、陸上という人間が住んでいる場所へと及ぼす海からの「コントロール」というものは、政治的なものであったり、経済的なものであったり、心理学的なものであったり、軍事的なものであったり、またはこれらのうちのいくつかが組み合わさった形で行われるものなのだ。これは分かりやすいものであったり見えにくかったり、公然的であったり秘密裏であったり、すぐ効くものだったり遅いものであったり、またはジワジワと効くものであったり、その作用と効果の出方も様々である。また、その中でも特に直接的／間接的という作用の区別の仕方が最も適切なものがあるのだ。

この理論の中でおそらく最もとらえどころがなく、最も不正確だと思われやすい部分は、「重心を操作する」ということや、「重心の特徴や場所やタイミングをコントロールする」というところであろう。別の言い方をすれば、これは戦略家というものが、全体的にせよ部分的にせよ、相手に対して自分の要求を同意させることができるよう仕向けたり強制したりするような何かしらの方法を必要としている、ということだ。

たとえばアメリカの大統領が、ある法案を下院議会にもちかけて通過させたいと考えていたとすれば、この場合にはアメ（懐柔）とムチ（強制）の両方をうまく使うような戦略を実行するべきなのだ。

軍備管理や貿易交渉に取り組む外交官は、これとほぼ同じような手順を踏むことになる。若い女性に言い寄ろうとする男性は、アメを使う。戦争における軍隊は、ムチを使う。

これからまた明らかになるのは、軍隊が主に使うムチというのは、ある種の破壊行為を意味する、ということだ。破壊とコントロールの相関関係というのは、各戦争の状況によってかなり差が出るものなのだが、このような事実は今まで公共の場で軍事戦略が議論される時にはほとんど無視されてきている。

たしかに戦場にいる軍隊にとって、このような側面を把握するのはそれほど難しいことではない。たとえばバズーカーで戦車を一台破壊すれば、これは敵の戦車が一台減るということになり、したがって味方が戦場をコントロールできる状態に一歩近づく、ということになる。

私の本職である海軍でも、同じような分析ができる。つまり敵の艦船か潜水艦を沈めれば、ある一部の海域のコントロールに近づく、ということが言えるのだ。

ところが空軍にとっては（そして海軍も部分的にはそうだが）戦場から距離的に遠ざかるにしたがって、これがますます困難になる。飛行機から戦車を「近接砲撃」するというのは、ただ単にバズーカーの代わりに飛行機を使ったということと変わりない。しかしこれが「遠距離砲撃」や「戦略爆撃」の場合だったらどうだろうか？　これらの破壊はどのように、そしてどれくらいの割合で、戦争の最終目的である「コントロール」というものに貢献してくれるのだろうか？　「後知恵評論家」たちは、今日でも連合国側がドレスデンやハンブルグで行った空爆がそもそも最初から必要だったのかを論じており（私個人としては彼らのほとんどがその時代にはまだ生れておらず、ましてや自分たちが爆撃される危険を感じていたわけではないということに腹立たしさを感じるが）、その議論の必要性だけではなく、さらにはヒロシマやナガサキの原爆投下の人道性(2)にも騒がしい疑問の声を上げている。

このようなことを述べたついでにここでハッキリさせておきたいのだが、私はこのような問題を提起しているからと言って、これが自動的に「遠距離砲撃」や「戦略爆撃」に反対したり、潜水艦やサイロにある核ミサイルについて反対するというわけではない、ということだ。しかも後者については話が全く別次元のことになってくる。私がここで言いたいのは、（必然的に様々な種類や度合いの破壊をもたらす）軍事力の行使というものは、私が見る限りにおいては、公共でも政府組織の内部においても、その根本的な問題についてまだまだ多くの考慮と分析が必要とされている、ということだ。

破壊とコントロールの間には、一体どのような関係や相関関係があるだろうか？　軍事力を見せること（つまり相手に対して潜在的に破壊を暗示すること）と実際の破壊行為は、それが直接的や間接的なものであれ、速効性であれ遅効性であれ、我々の平時及び戦時の目標である「コントロール」というものに対してどれだけの貢献ができるものなのだろうか？　このような情緒的というよりはかなり客観的な疑問に正面から取り組まなければいけない状況に直面して初めて、我々は戦争の計画と実行を効率の良いものにすることを真剣に考えることができるようになるのだ。私はこのような事実はもっと注目される必要があると確信している。

二十年前、私はこの本の中で、戦略に必要な専門用語を拡大するというささやかな努力も行っている。「順次」(sequential)や「累積」(cumulative)、それに戦略理論の種類を説明する際に「特定理論」(specific theory)などという言葉を使ってみた他にも、私は「侵略者」(aggressor)の反対の概念として「防護者」(conservator)という言葉を提案している。これらについても注目した人は誰もいなかった。しかしここでさらに重要なのは、私以外の誰もこれよりさらに適当だと思われる用語を提案してこなかったということだ。私はいまだにこのような反意語を作ることが必要であると考えている。

我々アメリカ人は、特に軍事組織の中ではそうなのだが、下らない業界用語を大量生産するのがあきれるほど得意である。たとえば何通りもの言い方があって誰も合意できないような概念があったとしても、ペンタゴンの中の誰かが新しい言葉を作ってしまうのだ。私が在籍していた当時や、もしかしたら現在でも同じように使われていると思われる言葉に「非同意(non-concurs)」というものがあったが、これは一方の軍事組織がもう一方の組織からの提案(例えば陸軍が海軍の提案)を受け入れられない場合の状態を示している。このようなものは本当にくだらないものだ。このようなことをわざわざ行うことは、我々の知性の無駄遣い以外の何ものでもない。

しかしこのようなものの中でも、有益なものはいくつかある。私が知っている限りでは、最近一般的に使われるようになったものに、戦略と戦術のすき間をうまく表現する「オペレーショナル・アート(operational art)」という言葉がある。もしこれが我々の必要に応えてくれるようなものであれば(そして明らかにそう見えるが)、我々は以前よりもややマシな状態になったと言えるだろう。

それでも我々は自分たちの仕事である戦略を語り、そしてそれについて考えるためには、さらに多くの正確な用語を必要としているのだ。我々にはシェークスピアのような、適当な格言や言葉を提供してくれるような存在が必要なのだ！

とらえどころのないような観念論から、もっと特定的（ここで注目してもらいたいのは、この「特定」（**specific**）という言葉が数頁前で使われているものと別の意味を持っているという事実である）なものに移るため、もう一つ別のことについて触れてみよう。

私がこの本を書いたのは一九五〇年代から六〇年代にかけてなのだが(3)、なるべくその当時の時代背景や出来事などにとらわれないように注意して書いたつもりだ。ある理論が正しいとすれば、それはある程度時代を越えて通用するものでなければならないからだ。つまりその理論は、歴史的なある大きな出来事によって修正が迫られるようなものであってはならないのだ。

この本を書いてから二十年数年経った現在、私は時代とテクノロジーの変化などから考えて、その当時に述べたことを修正する必要が出てきていると感じている。この内の一つが「累積戦略」であり、もう一つは「海のコントロール」である。

たとえば私は本書の31頁（第三章）で以下のように論じている。

> ……これらの戦略のコンセプトが、具体的にきっちりとした数学の表にあらわせるように体系化できるようなものであることを示唆しているわけではない、ということだ……「むしろ」それは……参考となるコンセプトであり……私はそれ以上でもそれ以下でもないと

考えている。

これを書いてから二十数年ほど経ったが、私は当時よりも現在において、累積戦略というものがますます重要性を帯びてきており、さらに正確に説明される必要があると確信するに至っている。私は現在の情報管理革命のおかげで、戦略を計画するプロセスや、その計画が実行された後の段階で分析を行う際に、累積戦略の考え方がさらに有効的なものになってきたと考えている。もちろんここでいう「情報管理革命」とは、トランジスタや半導体、ハードウェアやソフトウェアに至るまで、情報分析に関するコンピューター関連の全ての機能において起こった革命のことを示している。これらがどのような技術を使って行われなければならないのか等については私はすでに私の手に負えないような話である。とくに最近のコンピューター関連の知識については、私は何もわからないと言ってよい。しかし私は過去の二、三十年間におけるデータ管理革命が、新しい分野を広げ、新しい理解の仕方を広めたということについては正しく評価しているつもりだ。

私は飛行機やミサイルを使用する際に使われる戦略（というより「オペレーショナル・アート」なのかも知れないが）において、コンピューター関連の技術は、その計画、実行、そしてその結果分析などにおいて、驚くべき発展を遂げたと思っている。よって私は現在この累積戦略というものが、数年前よりもはるかにその予測に使えるものであり、よってさらに正確に実用化できるものだと感じている。しかしそれでも、この戦略は「破壊がコントロールと同等のものである」という限定された想定の中でのみ機能するものなのだ。

同じような意味で、船の総合トン数の量を争う潜水艦戦の場合、累積戦略を使えばかなりの正確性が与えられ、その戦争の進行と同時に分析が行えるようになり、以前では不可能だった状況判断も行えるようになるのだ。

やや弱い確信ながらも、私はそれ以外の累積戦略も、以前には不可能だった新しい情報管理技術のおかげでその有効性が上がったと思っている。私が言う「それ以外の累積戦略」とは、経済戦や心理戦、それから情報錯乱などの水面下で行われる戦争や、または外交や政治戦略など、基本的に累積的な効果を持つすべての戦略のことであることは言うまでもない。

二つ目の「海のコントロール」についてであるが、この作戦の実行面でも、近年の情報技術の発展によって修正されなければならない点が二つ出てきた。

一つ目が「海で行われる戦闘地域の広さが拡大している」という点であり、もう一つが「陸から離れていても船は発見されてしまう」という点だ。遠隔誘導や自動目標追尾システムなどを搭載したミサイルの登場は、戦闘地域を大きく拡大させ、さらに衛星やその他の探査能力は、実質的に世界の海のすべてをカバーできるようになったのだ。

近年における探査と戦域の拡大についてよくわかる一つの例を上げるとすれば、ごく最近起こった、アメリカ軍がアキレ・ラウロ号に乗った海賊たちをエジプトから飛行機で飛び立ったところを捕らえた事件であろう(4)。ここで明らかになったのは、アメリカ第六艦隊の艦船と航空機が地中海の東半分の全域をくまなく監視していた、という事実だ。マルタ島からレバント地方までの広大な範囲の中で、アメリカ軍は自分たちが探しているたった一機の飛行機を、シチリア島付近で発見したのだ。しかもアメリカ軍はこれを夜の闇の中で成功させている。おそらくこれはたった一つの目的のために、ある海域を完全かつ選択的な統制によってカバーして行われたものの中では、過去最大規模のものであっただろう。

これなどは海のコントロールにおける現代のテクノロジーがもたらしたプラスの面である。しかしその逆のマイナス面として、どの船も、そしておそらくどの飛行機も、もう探知から逃れられなくなってしまったということがある。これを拡大解釈すれば、あらゆる種類のセンサーの登場によって、船を秘密裏に動かすことが困難になってきたのだ。これによって、海戦における戦術的な行動などの他に、実際に使用できる戦略の選択も変化することになる。

それでも私はシーパワー理論そのもの——陸上へコントロールを拡大するために、ある効果的な度合いで海のコントロールと使用を確立する——は、これからも有効なまま残るものであると考えている。ここでまた述べておかなければならないのは、陸上に及ぼすコントロールの仕方にはいろいろあり、このコントロールは軍事的、経済的、政治的、もしくは心理的なものによって行われる、ということだ。またその度合いも、完全なコントロールからわずかに影響を及ぼすものまで様々であり、たった一度で影響を与えるものから、長期間かかってようやくその効果が表れてくるものもある。しかし基本的なコンセプトはまだ使えるのだ。

海のコントロールの確立とその利用に関するテクニックや、道具、戦術などの面において、私はこれからもいくつかの大きな変化が起こると考えている。戦域の拡大、長距離兵器の開発、そして探査能力の向上などは、私の世代のものからどんどん進化していっているからだ。

その他にも、この本が発売された二十年前の頃より戦略の面で目立ってきたことがある。それは、殺人、誘拐、暴力、選択的な破壊、よく宣伝された脅迫、そして自由社会における現代のマスコミの狡猾で効果的な利用、そしてこれら全てを含むような策謀など、様々な形で起こるテロリズムの問題である。とくにこの中の「自由社会のマスコミ」というものは、テロリズムにとって欠かすことのできない要素だ。なぜなら閉鎖社会においてはマスコミが政府などにコントロールされているため、テロにとって良い標的とはなりえないからだ。

このような社会現象を一般化するというのは常に危険な作業ではあるが、それでもあえて行ってみると、これらのテロリズムの底に最も継続的かつ永続的に共通しているのは、二十世紀に世界中を巻き込んだ社会革命の波の一部として登場してきた強力で革命的なナショナリズムである。過激なアイルランド人、パレスチナ人、イラン人、そしてプエルトリコ人のグループなどがその典型的な例である。さらに曖昧で民族的にはあまりまとまりのないもので、逆にニヒリスティックな態度をとるものでは、ヨーロッパのバーダ・マインホフ（the Bader-Meinhof）や赤軍グループなどがある。アメリカではウェザーマングループ（the Weatherman）や荒唐無稽なシンバイオニーズ解放軍（Symbionese Liberation Army）（5）などがある。

テロリズムを扱った本は数多いが、その中で最も優秀でよくまとまっていると私が思ったのはロバート・F・ディラニー（Robert F. Delaney）の著作であり、これは警察や産業界の安全にかかわる人々の教育用として書かれたものだ（6）。以下の二つの文章には、その本の中の要点がまとめられている。

彼らはあまりにも完全な疎外状態にあるために、自分たちの（そしてその他の人々も属する）社会の破壊を切望しているが、そもそもこの政治的に活発な人々は一体何者なのだろうか？

彼らは主に中流階級から中上流階級に属しており、そのほとんどが若く（二〇代）、たいていは良い教育を受けていて、完全に献身的で、自説を曲げず、危険であり、よく訓練が行き届いていて、ほぼ例外なく完全武装されている(7)。


ディラニーの説明に付け加えることがあるとすれば、ほとんどのテロリストたちは平凡な戦略家とは全く違った「必殺的な戦略」を生み出す直観を持っている、ということだ。テロリストの狙いについて最も優秀だと思われる説明も同じ教科書にある。それは「社会変化のプロセスをコントロールし獲得する」(8)ということだ。ディラニーは続けて、「ここで軍事的な言葉が一言も使われていないというのは重要ではない。なぜならこれこそが、今までの軍事的アプローチと、テロリストたちの反乱を起こす革命のアプローチを区別するものだからだ」と述べている。

よってテロリズムは、もちろん訓練を受けた部隊がその特殊な技術を用いることになるような特別な場合を除けば、基本的に今までのような軍事力を使う戦略家たちの問題ではないことになる。テロリズムは実質的に警察、社会、そして市民リーダーたちに直接かかわる問題になってくるのだ。

しかしここで述べておきたいのは、テロリストが使う戦略は、本書で説明された総合戦略とかなりその性格が近い、ということである。

彼らの社会に対する戦争での狙いとは「[彼ら]**自身の目的にしたがった、ある程度の**[社会変化の過程の]**コントロール**にある」(9)のだ。彼らはこれを自分たちの反社会戦争の「**パターンのコントロールによって**」達成することを追求しているのである。そして彼らはこれを、「**戦略家自身を有利にし、敵に対して不利にする**」ために、ある「**重心**」(一人の人間、もしくは世間の注目を集めるような仕掛け)を作ってそれを操作することによって実現するのだ。ここでの「**敵**」とは、彼らがコントロールをしようと企てる、秩序を持った社会のことである。

彼らのコントロールのパターンとは、彼らの「選んだ目標の方へ……重心の性質と配置とタイミングと重みを操作して」コントロールすることである。これはつまり社会変化の流れをコントロールするということである。しかもこれが最大の効果をもたらすように標的を選ぶのは、彼ら自身なのだ。

このような文脈から見てみると、マウントバッテンの爆殺事件(10)や北アイルランドのベルファストで起こる無差別的な爆破事件は、たしかに奇妙でこのようなものとは正反対の例のように思えるかもしれない。これはベイルートでの誘拐や、アルド・モロの殺害事件、アキレ・ラウロの海賊未遂事件、そして世界各国の公共機関(たいていの場合は政府関連)の建造物に対する爆破予告なども同じだ。

これらの事件を起こしたテロリストたちがこの本を読んだかどうかは分からないが、彼らが戦略理論のモデルに極めて近い行動をしている、ということだけは確実に言える。私が脱線しつつこのあとがきでテロリズムを加えた理由の一つには、それが総合理論の妥当性をうまく表しているように見えるからである。

テロリズムは現在の我々の軍隊にとっての最大の問題というわけではないが（訳注：この文章が書かれたのは一九八九年）、近年のテロリズムの盛り上がりに対処するためには、とりあえず我々のやるべき課題は二つあると言える。一つ目は、艦船や航空基地や武器弾薬庫など、我々の軍隊の一部がテロリストたちに狙われ、その重心を操作されたり利用されたりしないように注意するということ。二つ目は、特殊な訓練をした部隊をいつでも警察や地方政府からの要請があれば出動ができるように準備させておく、ということだ。

テロリズムの脅威がすぐ消え去るということはないからだ。

次に別の話題に移ることにしよう。

現在、我々が直面している問題でもっとも論じられなければいけないものが一つある。二十年前、私は第五章において一般的にも知られている特定戦略理論、つまり陸上、海洋、そして航空の、三つの理論を論じつつ、それに四つ目となる毛沢東の「人民解放戦争」の理論を付け加えて説明しているのだが、これらの中で最も見事に実践されたのが、毛沢東、ボー・グエン・ザップ、そしてフィデル・カストロの理論の元となりチェ・ゲバラによって実行された四つ目の理論である。

私がこれを書いている当時、アメリカはまだヴェトナムへの介入を始めたばかりであり、その十年以内にはニカラグアのソモーザ政権が転覆させられている。それを受け継いだサンディニスタ政権は、その政権獲得直後から、共産主義のキューバとソ連のコントロールによる保護を受けることになっている。

一九八七年のアメリカは、サンディニスタ革命をどうやって転覆し返すのか、そして特にニカラグアに対するソ連とキューバの共産主義のコントロールをどう追い出せばいいのか混乱していた。

ここで思い出していただきたいのは、「毛・ザップ・ゲバラ理論」というのは、実質的には都会にあって、近代的で機械化された軍隊を持っている政府を、農民社会がいかに打ち倒すのかを体系的に教えるものであった、ということである。

興味深いことに、この時のアメリカは建国以降初めて、毛・ザップ・ゲバラ式の戦争を戦うのではなく、逆にこのアイディアを利用して農民社会を使い、革命を起こすことができる状況を得ることができた。なぜならニカラグアの共産主義者たちは主に都市に住んでいて機械化された軍隊を持っていたからだ。もちろん最初に革命を起こした共産主義者たちはこの四番目の新しい戦略理論に当てはまる農民たちの一員だったのだが、この頃になると彼らのほとんどはすでに新政権から追い出されていた。

ニカラグアへの対処について私が最も重要だと考えるのは、農村からの反逆を起こす方法を説いたチェ・ゲバラの著作に、民主制もしくは共産主義以外の中立的なイデオロギーを使って最小限の編集を行った本を、ニカラグアの農民たちに配るという方法である。このようなアイディアを基礎におくことができれば、我々は農民たちの心と行動にハッキリと焦点を合わせ、彼らに武器や食料や医薬品の供給を行うこともできるようになるのだ。

元々は共産主義者たちが使ったこのようなアイディアであるが、これが私たちの目的を果たすのに使えそうだというのは、なんとも皮肉なものである。

一世代前に書かれたこの本に関するあとがきだが、ここまでは四部構成になっている。最初の部分では戦略理論について論じ、二番目では総合戦略に関する今日までの結論、三番目は戦略理論をテロリズムという不快なテーマに適用すること、そして四番目が中央アメリカの問題にそれを適用することである。

私は最後の五番目の部分として、現代の戦略思想に革命を起こしつつあると言える、技術の発展に関することについて述べてみたい。

一九八〇年代の状況というのは、だいたい以下のようなものであった(11)。過去二、三十年間にわたって、ソ連とアメリカは、どちらが最も破壊的な力を持つ核兵器を開発できるのかを競争している。これによって登場してきた「相互確証破壊」(mutual assured destruction：MAD)という戦略的なコンセプトは、(頭文字をとって読めば「狂っている：mad」という意味で)奇妙なほど適切な略語である。八〇年代の終わりに近づくと、ソ連は複数個別誘導弾頭(MIRV)を持つ強力なミサイルを配備することによって、この競争で少しずつ先行するようになった。これに対しアメリカは新しいMXというミサイルで対抗しようとしていたのだが、これには政治的・戦略的な問題をさらに悪化させるような要素が含まれていたのである。たとえばこのミサイルをどこに配置すればいいのかという配備先の場所選びの問題である。一つの提案としては「ミサイル移動路」というものがあり、これは広大な西部の土地に分離して設置されているシェルターの中を、秘密裏に無作為に次々と移動させるというものであった。当然のように、西部の州の住民たちは自分たちが結果的にソ連のターゲットにされてしまうようなこの提案に対して抗議している。もう一つ別の提案では、MXミサイルを強固な防御工事で固めた発射場に設置するというものであったが、このような「高密度の建造物」を作る案にも多くの反対の声が上がった。

　この「MX配備」問題について政府で決定が下されるまでの間、MXミサイルは基本的には今までの古いミサイルがある既存のサイロに配備されるということで話が進んでいた。

　一般市民は「人類の全滅」という恐怖が生み出す抑止効果に依存した防衛体制を構築しようとするこの相互確証破壊という戦略の考え方に、不満を募らせるようになった。これと同様に、この考えの底には、核技術の利用に対する道徳的な反発〈原発などを含む、全ての原子力関連に対するプロテストとして広がった〉が根強くあった。

　核兵器のジレンマが拡大しつつあったこの頃、第三世代の電子情報管理革命も起こっていた。第一世代の革命は真空管の登場であり、第二世代は真空管がトランジスタに取って代わって「最小化」が起こり、これは特に一九五〇年代の早期警戒システムの構築と、初期の宇宙進出を可能にしている。そして第三世代は「半導体マイクロチップ」の登場であり、これによって製作者側はそのチップが〈考える〉ことをその中に自由にプログラムすることができるようになったのだ。これが第四世代の情報管理や利用におけるコンピューター革命につながり、宇宙において驚くほど様々な種類の機器を遠隔操作して利用することができるようになっている。

　このような状況の中で、統合参謀本部会議の幕僚たちはMXミサイルの配備そのものに関することだけなく、それよりも重要なMXミサイルの配備という「状況そのもの」が暗示しているジレンマについて、何度も会議を開いて話し合っている。政府の中にもこのような状況を心配する声が多数聞かれており、たとえばレーガン大統領はこの問題を調査するために二つの専門委員会を設置している。

このような不安なムードがアメリカ中に漂う中で、ジェームス・ワトキンス(James Watkins)海軍大将は、一九八二年に統合参謀本部会議のメンバーの海軍代表となっている。優秀な彼は、自らの下に小委員会を設置し、この問題を高い視点から検証している。そしてこれは、エドワード・テラー(Edward Teller)博士がワトキンス大将のゲストとして呼ばれて来た、最も実りの多い昼食会の開催へとつながっている。

テラー博士はこの昼食会で、宇宙船や人工衛星の中で小規模の核反応を起こし、X線などを利用して敵のミサイルが宇宙を通過中に破壊したり無力化したりするための兵器のエネルギーとして使う「エクスカリバー計画」(Excalibur)について話をした。ワトキンス大将は、アメリカ国内では宇宙空間で核エネルギーを使うという考えに対して必ず反対の声が上がり、一般国民の支持を得られないことになるだろうと感じ、テラー博士に原子力以外の別のエネルギー源を使えないか質問している。これによって、まだ現実化されていない科学技術の可能性まで議論は広がっていったのだ。

結果的には、この昼食会での質疑応答が、宇宙において核以外の技術による武装化の可能性を探るという、ワトキンス中将とその小委員会による迅速かつ強力な分析研究へと発展していったのだ。最終的な判断として出されたのは、このうちのいくつかの技術は実現可能であるということであり、これを元にしてワトキンス中将は統合参謀本部会議に対して、宇宙防衛のためにこれらの技術の開発テストを促す政策を採用するように提案している。統合参謀本部はこの提案を了承し、参謀本部長が代表して大統領に進言している。

これが結果として、戦略防衛構想、つまり「the Strategic Defense Initiative：ＳＤＩ計画」の公式発表につながったのだ。この発表の中では、ワトキンス中将と統合参謀本部が作成した「敵への**報復**ではなく、アメリカ国民の**保護**」（*Protect* the American People, not just *avenge* them）という名前の概要説明書の中から、そのままの形で抜き出されたキーワードがいくつか採用されている。

この時点で明らかになったことが一つある。それは、アメリカの戦略家がとうとう大陸間核ミサイル競争において戦略的に行き詰まるという事態に直面した、という事実だ。この競争では誰も勝者にはなりえず、しかもアメリカやソ連だけでなく、全世界が完全に敗者になってしまうのだ。

ところがこのような状況の中で、「ＳＤＩ計画」という今までは考えられなかった技術によって防衛ができる可能性が見えてきたのである。これはどちら側にとっても「第一撃／先制攻撃」を行う利点を半減させることにつながる可能性があるのだ。またこれは、最終的に膨大な数に上る核兵器を全て廃絶する可能性というものが、明らかに低いのだが全くないわけではない、ということを示すことにもなったのだ。また同時に、これは短期的には軍縮制限協定にもつながる可能性を示唆している。しかしこの中で最も重要なのは、さらに多くの大規模な核兵器を求めるような「相互確証破壊」という我々の戦略のコンセプトが、核兵器による攻撃を防衛するという性格のものに変化したという点だ。

この最後の一文を、まだＳＤＩ計画の関係者には使われていないような、抽象的な理論の言葉で言いかえてみよう。まずアメリカはそれまで戦略的な行き詰まりに直面していた。誰もこの競争に勝つことはできないし、ここでは軍事力をコントロールすることさえできない。よって新しい戦略的な「重心」が求められていたのだが、これがついに発見されたのだ。この「大陸間弾道ミサイルの防御」という新しいコンセプトによる「重心」の登場と発展により、アメリカは相互確証破壊以外の選択肢を持つことになったのだが、これはつまりアメリカが戦争(もしくは戦争の脅威)のパターンをコントロールする方法を再び獲得するということにつながり、これが実現すれば、アメリカは自国だけでなく全世界のためにも貢献することができるようになるのだ(12)。このように、今までの一般常識的な考え方から根本的に離脱するアイディアは、嵐のような議論を巻き起こし、さまざまな分野で反発を引き起こしたのは当然である。たとえば相互確証破壊の考え方にとらわれた人々は、一般聴衆に対して「SDIは不可能だ」と言って、その効果がないことを必死に論じている。また自分のかかわっているプロジェクトから資金が引き上げられてしまうことを恐れた人々は「何億ドルもの無駄使いだ」と言って、SDIによる国民財政負担への脅威を喧伝している。そして今までSDIについてあまりくわしい発展経過について説明を受けていなかったような人々は、ほぼ自動的に「俺は聞いていないぞ!」という無責任な態度で反対する(まだ誰もハッキリと反対の声をあげたわけではないが)のだ。

SDI計画はその発表当初から強烈な反対にあっている。しかし将来のことを考えた場合、本書の12頁(第一章)にある二つの文を思い出してもらいたい。それは「戦略が及ぼす影響というのは世間の目から隠しておけるものではない」というものと、「ある下院議員が軍事費歳出予算を票決しようとする時――つまりこれは根本的に戦略的決断を下していることになる……」という二つである。

以上のようなことを踏まえて、我々は、米国連邦議会が根本的な戦略の決定を下すめったにない新しいチャンスを正しく認識してくれることを願うばかりだ。これによって、アメリカは世界の核戦略の新しい重心をコントロールすることができるようになるし、宇宙空間における防衛の考え方や、それを利用することによって、相互確証破壊という反感や反発の多いコンセプトを無効化したりそれにとって代わったりすることができるような、戦略思想の革命へと向かうこともできるからだ。今日、国民とその意見を代弁する場である米国連邦議会は、ニューメキシコ州にあるホワイトサンズ実験場で最初の核爆発が行われた時以来の最も重要な戦略の決定を下す瞬間にさしかかっているのだ。

さらにSDIに関して言えば、これは戦略の理論に当てはまるというような話よりも、相互確証破壊の泥沼状態から抜け出すことができるような戦略的効力を持っているという事実のほうが重要だ。SDI計画というのは、科学的・技術的な重心を伴った、国家の広大な新規開発プロジェクトなのである。

もう少し詳しく説明しよう。まず「特に物理科学やテクノロジー分野で、アメリカは世界中の国々から追い越されつつある」という、私たちも日常的によく聞くような、ありがちな前提から話をしよう。たしかにこれは事実かもしれないし、私もそう言われるだけのたしかな証拠があると思う。

一九四〇年代、アメリカは国家の力と威信をかけて、原子爆弾の開発という広大な国家プロジェクトを開始した。ところが私たちは爆弾の開発そのものよりも、そこからはるかに多くの利益を得ることになった。実はマンハッタン計画からは、最初に予測もしなかったような形で、数え切れないほど莫大な科学的・技術的な副産物が生まれたのだ。最も明らかな例は原子力発電所だが、その他にも化学や医薬品、物理実験、そして我々が住むこの世界のマクロ物理科学の分野でも、我々に大きな発展をもたらすことになったのだ。

一九五〇年代、我々は原爆の時ほど熱心だったわけではないが、遠距離早期警戒網（the DEW Line）というものの開発に着手している。有人爆撃機がまだ現役であった頃、これはグリーンランドとアラスカからコロラドの山中にある北米防空指令センターまで広がる、防衛用の早期警戒網として作られた。この広大なレーダー通信網は、不安定でかさばる真空管では実現不可能であったはずだ。なぜなら第二次世界大戦中に開発された初期型のコンピューターは、真空管のサイズのおかげで文字通り一部屋を占領してしまうほどの大きさだったからだ。このまま何もなければ、コンピューター革命は起こっていなかったかもしれない。ところが誰かがトランジスタを発明してくれたおかげで、コンピューターはなんとか扱えるサイズまで小さくなった。遠距離早期警戒網に使われる電子機器の縮小化という、全く予期しない幸運こそが、コンピューター革命の始まりだった。その他の副産物としては、概念のようなものから数々の機械機器、そしてそのほとんどは、世界中で使われるようになった電話のダイヤル回しのような、全くシンプルでほとんど人目を引かないようなものまである。国家的な新事業として、遠距離早期警戒網はそれ自身の百倍以上の価値を生み出すことになったのだ。

一九六〇年代、アメリカは宇宙開発に国力を注いで人間を月に立たせている。そしてまた同じように、そこから予測もしなかったような副次的な利益と価値が数多く生まれている。通信、ナビゲーション、そして監視のための衛星が開発され、あまり人目を引かないような目立たないところでは、冷凍庫からそのままオーブンに入れても割れない焼き皿などが生まれている。ロケットの先端部分に使うセラミック技術は、我々の台所にこのような焼き皿をもたらしてくれたのだ。

これらの四〇年代、五〇年代、そして六〇年代の三つの国家プロジェクトは、アメリカに思いがけないほどの豊かな発展をもたらしてくれたのであり、これによってアメリカは科学技術の分野において世界をリードすることになった。

しかしアメリカは一九七〇年代に超音速旅客機の開発を諦めてしまっている。ところがフランスとイギリスはかなり綿密に協力しあって、最終的にコンコルドを開発した。たしかにアメリカにはこのプロジェクトにわざわざ投資するほど大きな見返りは得られなかったかもしれない。それでも私はこのプロジェクトに本腰を入れて取り組んでいれば、アメリカは何か大きな副産物を得ることになったのではないかという気がしてならない。よって、我々はＳＤＩというチャンスをまた逃してしまうのではないかと私は心配しているのだ。

我々は一九六〇年代から、国家で全力を上げて見知らぬものに取り組むような科学技術のプロジェクトを行っていない。私はアメリカがリードを失って平凡化してしまったことには、このような大規模な国家事業を行わなくなってしまったことに原因があると考えている。我々はリーダーシップを失いつつあるのだ。そのような理由から、私は切迫した戦略面での必要性以外にも、ＳＤＩという第四番目の大胆な国家事業に取り組む必要があると考えている。このような防衛体制を構築し、相互確証破壊の戦略的な行き詰まりを打開することができるチャンスはかなり大きいはずだ。そしてこの国家事業では、開始時にはまったく予想もつかなかったような新たな考え方や実践的な副産物が生まれるのは、どう見積もっても確実なのだ。我々の科学と国家的なリーダーシップを再獲得して復活させるカギは、このような国家の才能と資源を集中させることにあるのだ。

最後に結論として、いつでもどこでもどのような状況でも使えるような総合戦略理論を生み出そうとする私の試みを振り返ってみると、時間の経過とテクノロジーが私の考えに大きな影響を与えたことがよくわかる。しかしよく考えてみると、これは理論に根本的な変化が起こったというよりも、むしろこの状況の変化に対してその総合理論の強調する部分が変化してきた、と言う方が正しいのだ。その他にも、我々は戦略を論じる際に必要となる専門用語（ボキャブラリー）を増やす必要がある。また、破壊とコントロールの相関関係は、それが大規模な戦争であれ最近のテロリズムであれ、大きな関連性を持っているのだ。一九八〇年代の中央アメリカの諸問題には、毛沢東の理論への対処の仕方ではなく、それを逆に利用していくためのヒントがある。ＳＤＩの問題には、敵をコントロールするために新しい技術を応用するという問題が含まれているのだ。そして最後に述べておかなければならないのは、我々の過去二十年間にわたるテクノロジー、テロリズム、そして軍事戦略という名の下にある多岐にわたる問題は、戦略と国家社会の中の大きな流れとの間にある深い相互関係を再び強調することになった、ということである。

註

（1）もう一人は故ユージン・L・バーディック（Eugene L. Birdick）氏であり、当時は米国海軍予備役の少佐であった。第二次大戦後にロード奨学生としてオックスフォード大学に行き、その他の大勢の人々とは違ってイギリスに残り、学術界の最高峰である政治哲学で博士号を取得している。朝鮮戦争に兵士として参加し、その後はバークレーで大学院生を教えている。彼は私が知る中で、おそらく最高の頭脳を持った人間であった。

（2）戦略と道徳性についての議論は17頁（第二章）を参照のこと。

（3）私はこの本のほとんどを、スクリューが一つしかない低速の揚陸船（アーネブ）に乗って海上勤務していた五〇年代の中頃までに書き上げていた。このような船では、たとえば駆逐艦などに勤務する場合とは違って、仕事の量はそれほど多くなかったからである。

（4）一九八五年の十月七日、四五四人の乗客を乗せたイタリアの客船アキレ・ラウロがパレスチナ人によってハイジャックされた事件のこと。十月九日にはサイード港に入港する前にアメリカ人の乗客一人が殺されている。十日にハイジャック犯たちを乗せたエジプト機は、チュニスに向かう途中でアメリカの戦闘機につかまり、イタリアに強制着陸させられている。イタリアの警察はハイジャック犯を拘束したが、パレスチナ解放戦線（ＰＬＯ）の代表であり、彼らの降服を交渉したアブ・アッバスは釈放されている。

（5）彼らの名前の由来は誰も知らない。確実なのは何かを象徴してつけられたわけではないということだけだ。アフリカの原住民の名前を似せてつけたのだろうか？

（6）Robert F. Delamey, *A Study Guide for Terrorism*, Athens: Ohio University Press, 1980. ロバート・F・ディラニー米国海軍予備役大佐（退役）はアメリカ海軍大学のミルトン・マイルズ記念教授であり国際関係論を一九七五年から一九八〇年まで教えていた。

（7）同書、二三頁。

（8）同書、五八頁。

（9）この太字部分は、私が統合戦略を述べた箇所で使われているのと全く同じ言葉であることを示している。

（10）一九七九年の八月二七日にＩＲＡ（Irish Republican Army:アイルランド共和国軍）がアイルランドのマウラガモアでマウントバッテンとその家族が乗っていた船に爆弾を仕掛けて殺した事件。

（11）ここで紹介するエピソードは、Frederick H. Hartmann, *Naval Renaissance: The U.S. Navy, 1980-1987* (Annapolis: Naval Institute Press, 1990). という本の中のドキュメンタリー化された一章分を、私なりにまとめて解釈しなおしたものであるが、私の解釈はあまりにも単純化されている恐れがあるため、この注目すべき内容をさらに詳しくお知りになりたい方はぜひ原書のほうを参考にしていただきたい。

（12）当然のように、レーガン大統領のＳＤＩ計画の発表にはそれ以外の多くの要素や流れがある。これを理解するには右のハートマン教授の著作の中の詳細な記述を読むことが必要だ。私がここで主張したいのは最も重要な二つの事実、つまりミサイルに対する防衛というＳＤＩ構想の考え方は戦略的に革命的なアイディアであるということと、これによってＳＤＩは相互確証破壊とは対照的に、今後の戦略の考え方や未来の展望を変化させるような、新しい戦略の「重心」を作った、ということなのだ。

【参考記事Ａ】

「太平洋戦線を振り返って」(1)からの抜粋

戦略を分析するために戦争を分類する方法はいろいろある。陸軍、海軍、そして空軍ごとに分けることもできるし、防勢面、防勢─攻勢面、そして攻勢面という風に分けることも可能だ。また軍事面と非軍事面に区別することもできるし、時間の経過ごとに区切るやり方もある。しかしまだ他にも戦争を分類するやり方がある。それは、全般的な戦略の実行のパターンによって分類する方法である。

この論文では実行面で異なる二種類の戦略を論じるのだが、ここでは通常の戦略議論では使われない表現の言葉が使われることになる。これが「順次的」(sequential)と「累積的」(cumulative)という戦略の分類の仕方だ。

通常の場合、我々は一つの戦争を、それぞれ単独の段階や行動から構成された一連の行動であると見る傾向があり、それ以前の一連の行動の流れからはかけ離れた行動が連続したものとして考えることが多い。これらの単独もしくは個別の行動というものが連続して、結果的に戦争の全体の大きな流れを構成する、という考え方だ。もし戦争のどこかの段階でこれらの行動の一つが違ったものになれば、それ以後の流れが全く別のパターンになってしまうというものである。つまりこれは、流れが妨げられれば変化するということだ。

太平洋戦線でマッカーサーが行った二つの大きな軍事行動、つまり太平洋南西部からのものと、太平洋中央のハワイから中国大陸沿岸までの行動は、「順次戦略」として分析することができる。この二つの行動は単独の作戦段階の連続であり、それぞれの段階からその次の段階に行うことがハッキリとしており、その段階ではすでに予期されている結果を基準にして査定評価することができ、その結果は次の行動の段階や次の位置で行われる行動やその次の計画へとつながるのだ。これが順次戦略と呼ばれるゆえんである。

しかし戦争を実行するもう一つのやり方がある。それは目立たない行動によって構成されるものであるために全体の流れがあまり目立たず、この目立たない行動、もしくは個別の行動というものは、他の行動とは流れとして関連していない。それぞれの個別の行動というものは、統計の最終結果の中に現れる一つの数値、つまり独立したプラス／マイナスの数値のようなものでしかないのだ。

たとえば心理戦や経済戦というのは、まさにこのようなものに当てはまる。全ての行動はそれ以前の行動に完全に依存してはいないのだ。よって、これは「累積的」な効果をもたらすものだ。軍事的な分野でこれがもっともよく表れている例が、太平洋戦線の潜水艦戦である。

アメリカが太平洋戦線で日本に対して行った、この潜水艦によって船を沈めていく戦い方は、連続的、もしくは順次的なものとは正反対のタイプの戦略である。潜水艦戦争では、ある一つの攻撃が全体の結果にもたらす影響を予測することは極めて困難なのだ。

この潜水艦を使ったような戦争の仕方というのは、散発的な個別の勝利の積み重ねである。潜水艦一隻が行う一つの行動は、全体の行動がもたらす累積効果の中のたった一つ要素でしかない。

よって一九四一年から四五年までの太平洋戦線では、我々は実は二つの別々の戦争を日本に対して行っていたのだ。我々は太平洋から大日本帝国のあるアジア沿岸までに一連の行動で順次戦略を行っていたのだが、それとは明らかに別のところで、日本経済を標的とした累積戦略を行っていたのである。奇妙なことに、この二つの戦略は時間的には同時に行われていたにもかかわらず、日常的なところでは完全に独立して行われていたのだ。

我々はある程度の割合で順次戦略の結果をあらかじめ予測することができた。しかし累積戦略の結果をあらかじめ予測することができなかったし、もしかしたら予測できる能力があったかもしれないのに、それに向かって努力をしようとはしていなかったのだ。一九四四年のどこかの時点で、我々は日本を累積戦略によって二つの選択肢しか残されていない状態に追い込んでいる。これは降服するか、それとも国家の自殺に突き進むのかのどちらかである。今日でも我々はどの時点でこの効果が決定的になったのかを正確に知ることはできない。しかしそれが決定的になったことだけは確かなのだ。日本は戦争開始の時点で約六〇〇〇万トンの商船を持っていたが、戦争開始直後にはこれをさらに四〇〇万トン増加させている。しかし一九四四年の末頃にはこの合計一〇〇〇万トンのうちの九〇〇〇万トンが沈没させられており、この時点ですでに回復不可能な数にまで減らされていたのだ。しかし我々はこの事実に気がついておらず、おそらく日本側もこれを知らなかったかもしれない。

ここから結論として、以下のようなことが言える。それは、戦争では二つのかなり異なる種類の戦略が使われる、ということだ。一つは順次戦略であり、これは一連の目に見えてハッキリと区別できる段階にわかれていて、それぞれ前の段階で行われた行動や作戦につながっているものだ。もう一方は累積戦略だが、これは一つ一つの知覚できないほどの小さな成果が積み重なって、誰にもわからないある臨界点を越えたとたん、一気に絶大な効果を持ち始めるのだ。この二つはお互いに相容れない戦略というわけではなく、むしろこの二つを戦略の結果から見れば、たいていの場合は切っても切り離せない関係にあるのだ。

順次戦略は、おそらく誰にでも理解できるはずである。しかし累積戦略は違う。累積戦略と言うのは伝統的に海戦の特徴であった。しかし今までに戦略関連の主な著作でこの累積的な戦争を順次的なものと意識的に区別しようとしたものはない。また累積戦略だけで成功した有名な戦争の例も存在しないのだ。たとえばフランスは伝統的に海戦では海上交通破壊作戦（guerre de course/commerce raid）を仕掛けることを好んでいるのだが、この戦い方だけで決定的な勝利を収めたことはないのだ。ドイツは二度の海洋戦で全ての力を累積戦略に注いでいるが、このどちらも失敗に終わっている。

しかしこれらの累積戦略が順次戦略と同時に戦争に使われた場合、累積戦略が順次戦略の成功を左右するものになる例が非常に多い。歴史上では弱い順次戦略が強い累積戦略のおかげで勝利につながった例が豊富にある。思いつくところではヨークタウンの戦いやポルトガルにおける半島戦争、または我々の例では南北戦争などが挙げられる。第一次世界大戦もその一例だ。そして我々は、第二次大戦時の日本に対する累積戦略が勝利に直接貢献するくらいの強さを持っていたことを、まだ充分に理解できているとは言いがたいのだ。

この二つの種類の戦略の違いを認識することによって、我々には新たな、そしてかなり重要となる課題が生まれてくる。目標に対して最も効果的かつ低コストで達成するという面から考えれば、我々の将来の戦略の成功は順次戦略と累積戦略のバランスをどこまでとることができるのかという問題にかかってくる。もし我々が累積戦略の進行状況と効果を判断できるようになれば、これまで偶然にまかせていた戦略の重要な要素をコントロールできるようになるだけでなく、戦争が終わった時点の状態を自分たちに有利な条件に持って行くことができるようになるのだ。

よって、ここで私から二つの提案がある。一つは、これらの累積戦略の効果とその存在を認め、これを我々の基本プランに慎重に組み込むということである。そしてもう一つは、我々はこれらを本当に決定的になるのかどうかを見極めるため、今までよりもさらに詳しく研究して、もし本当に決定的になるのであれば、戦争のプロセスの中で臨界点に達するポイントを認識できるようにすることである。このような研究を行えば、今までよりも遥かに効率よく、しかも経済的に、この二つの戦略を使うことができるようになるはずだからだ。

註

（1）この論文は最初に the U. S. Naval Institute *Proceedings*, vol. 78, no. 4（April 1952）, pp. 351-361で発表されたものである。

【参考記事B】
海洋戦略について(1)

過去五〇年間、海洋戦略の研究では一般的に二つのアプローチが使われてきた。一つ目が国家の持つ海洋面での力の要素を分析するものであり、たとえばマハンはシーパワーを地理、海軍力、海洋貿易などの要素に区別しており、これらの要素を研究のために使う基礎として考えた。二つ目のアプローチは、戦略を特定のタイプの作戦行動、たとえば空母を使った素速い攻撃や、対潜水艦戦や、護送船団方式の海上運搬などによって区別して議論する方法であり、これは我々の世代でより一般的に使われるようになったものである。私はこのような試みは、この二つのアプローチのちょうど中間にあるような基本的な戦略——軍隊の実際の作戦行動に継続性と方向性を与える構成要素から生まれた戦略——が持つ、ある一定のまとまった形というものを崩してしまう傾向があると思っている。これから私が分析しようと思っているのは、戦略的なアイディアがハッキリとした行動として移り変わる、まさに二つのアプローチのちょうど中間にある領域のことなのだ。つまりここでは戦略の「性質」や「メカニズム」、「目的」、そしてそれが「扱う問題」などを、水兵がどう捉えるのか、という問題が問われている。

この問題に答えるために、私は今回のこの論文を以下で述べる四つの見方から分析していきたいと思っている。この四つの見方というのは、戦略の根本的なアイディアとこれを実践的で有益な結果へと変換させる作業の両方を完全に正しく理解するうえで、ぜひとも必要になるものだと感じている。これら四つだが、一つ目が「海洋戦略の理論」であり、二つ目が過去の経験が教える海洋戦略の有用性、三つ目がその有用性を妨げる現代のいくつかの要素、そして四つ目が海洋戦略に関する現代の軍事力の使用とその傾向である。

1　海洋戦略理論

あらゆる戦争の目的は、敵に対するある程度のコントロールを確立することにある。このコントロールの追求によってもたらされる行動のパターンというものが、戦争で使われる戦略のことなのだ。戦略には様々なタイプや階層があり、分類のされ方も様々だ。しかしここでのテーマは海洋戦略であるため、我々が使う分類はすでに決まっている。そういう意味から考えれば、戦略思想の流れというのは三つあり、それぞれ「海洋戦略」(maritime strategy)、「陸上戦略」(continental strategy)、そして最近登場してきた「航空戦略」(air strategy)があることがわかる。

この議論を始める前にここで強調しておきたいのは、このようなハッキリとした戦略の分類というのは、しょせんは仮定的なものでしかないということだ。実際に戦争になると、これらは重なり合ったり同化したりしてしまうことの方が多いのであって、ここでは研究と分析の目的のためだけに、わざとそれらを区別しているにすぎない。

私はここで「陸上戦略」という言葉を使っているが、これは陸上にある敵に対して、味方の陸軍の大規模で決定的な行動によってコントロールを確立しようとする際に使われる、陸上軍の使い方のパターンを意味している。陸上戦略では、これ以外のすべての軍事行動はこの地上部隊の行動をサポートするためにある、ということになる。

私が使う「航空戦略」という言葉も、主に戦略爆撃の使用を強調した、航空機による行動を主体とした戦争で使われる戦略を意味している。それ以外の行動というのは、多少の程度の差こそあれ、どれも戦略爆撃を補助する役割を担っていることになる。

海洋戦略とは、世界の海洋交易システムの力を主に使うことにより、敵をコントロールできる状態を確立しようとするものである。

海洋戦略には、大抵の場合は二つの大きな段階がある。第一段階が（そしてこれは必ず最初でなければならないのだが）、海のコントロールを確立するということである。適度に海がコントロールできるようになれば、コントロール状態を利用して敵側の任意の陸の一箇所以上の決定的な地域に向かって兵力を投入するという第二の段階に移ることになる。

海洋戦略ではこの第一段階である海のコントロールの確立が、実際は全段階のたった前半だけなのにもかかわらず、これこそが戦略のプロセスの全てだと勘違いされていることがかなり多い。たしかにほとんどの海戦史では海のコントロールを獲得する際に行われた陸戦や海戦、商船の保護、そして海上封鎖などに注目しているものばかりである。

また、この段階は我々のような海軍職についているものの注目を浴びやすい箇所であり、海

【参考記事B】海洋戦略について

軍以外のほとんどの人達も、この部分が海洋戦略の全てであると誤解してしまいがちなのだ。

第一段階の中でも、特に海のコントロールを獲得する初期の段階には、海軍が行わなければならない二つの重要な任務がある。実際の戦争が行われている場面ではこの二つはあまりにも入り混じっており、これを分けて考えることほぼ不可能なのだが、ここでは分析目的のためにあえて二つに分けて考えてみる。第一の任務は自分たちが自由に海を使えるような状態を確保することであり、第二の任務は敵が同じ海を使うことを拒否することだ。コントロールを争う初期の段階では、たしかにこれらの二つの任務は別々にとらえて分析することができるかも知れない。また、どちらか一方がもう一方を常に圧倒できるようになる以前の段階では、このコントロールを達成するための任務というのはそれぞれハッキリとわけて考えることができる。ある国家の海軍がこの二つの任務の一方で支配的になってから初めて、この二つの任務の力が混ざり合って一つの力になり、海の全ての動きをコントロールすることができるようになるのだ。これは海洋戦略としてはほぼ理想的な状態であり、歴史上でも多くの国家の海軍がこれを目指しているのだが、このような完璧な状態を達成できたのは太平洋戦争末期の米国海軍ぐらいしかないいと言える。

ほとんどの（狭義の海洋戦略とは異なる）「海軍戦略」や「海軍戦術」というものは、その大部分がこのようなコントロールの争いの状態やその進展によって決まるのだ。

たとえばもし二つの国家がほぼ同じような海軍の力を持っていたとすると、お互いに目指さなければならないのは、相手の海軍よりも優位な立場を獲得することである。このようなタイプの海軍力競争は、必然的に海のコントロールに関する二つの任務、つまり（妨害してくる恐れのある敵の海軍を破壊することによって）海を自国のためだけに使えるようにするという積極的（ポジティヴ）な目的と、（敵を保護する役目をする敵国の海軍を破壊する）敵の海軍の行動を拒否するという否定的（ネガティヴ）な目的という、二つの動機に突き動かされることなるのだ。この例に当てはまるのが、アメリカと日本の艦隊が自分たちの必要とする適度なコントロールの状態を大洋規模の範囲で確立するまで戦った、太平洋戦線における戦いであろう。

ところが、海軍力の差が不均衡な二つの国家が戦う場合、これとはまた別の状況が生まれる。この状況では、強い力を持つ側の国家の主な狙いは、否定的／積極的という二つの手段によって海洋通商路を保護・拡大することになる。ここで「否定的」とは、味方を敵の攻撃から防御することであり、「積極的」とは敵軍を探索して破壊することにより、より強い力で海を利用するという脅威を敵に感じさせることだ。一方で弱い力を持つ国家の主な狙いは、強い側の国家が海を利用しようとする行動に対して消耗戦に引き込んだり、意図的に海軍を使わずに温存したり、または強国側の商船への攻撃を行うなど、何からの特殊なテクニックを使って邪魔することになる。この典型的な例は第一次・第二次大戦の大西洋戦線であり、海軍力の弱いドイツは自国の戦艦などを温存しつつ、その代わりに連合国側の商船を潜水艦で攻撃することに全てをかけている。

実際の戦争になると、海のコントロール争いのこの理論的な枠組みには、さらに多くの細かい分類が必要になってくる。とくに戦争開始直後では、どちらの側も海のコントロールを自分の満足できるレベルで達成できないのが普通である。この争いは二つの状態に行き着くことが多い。一つ目が部分的な海のコントロールであり、もう一つが一時的なコントロールである。

ドイツがノルウェイ沿岸の海を一時的にコントロールして海上から陸上へ侵攻して支配することができた例でもわかるように、この二つのコントロールの状態は同時に組み合わさって実現することが多い。たとえば第二次世界大戦でも戦争開始から三年間は地中海のコントロールの決着がついておらず、双方ともに一時的にそれぞれ全域のコントロールを達成することはできたが、ほんの一時期を除けば、イギリスはこの海の両岸の地域的なコントロールを失ったことは一度もない。

これらはかなり端的ではあるが、海のコントロールの問題、つまり海洋戦略の第一段階の大まかな形である。海洋国家が海の安全を順当に確保して利用することができるようになると（つまり敵の余計な妨害を阻止できるようになると）、これから海洋戦略の第二段階である海の利用へと移ることができる。この段階では話がかなり複雑になってくるのだが、この段階には我々のほとんどが最初に思っていたことよりもはるかに微妙な問題が含まれてくるために、これはむしろ当然の結果と言えよう。

シーパワーの利用段階の話を論じるためには、この論文で最初に触れた「あらゆる戦争の目的は、敵に対するある程度のコントロールを確立することにある」という前提に戻らねばならない。もしこの前提が受け入れられるとすれば（そしてこの前提が受け入れられることはこの海洋戦略の理論にとっては極めて重要なのだが）、その次の段階ではコントロールの確立の方法を検証することになる。

陸上軍の力が強い二ヶ国が戦争をした場合、普通はどちらか一方の陸軍が負けたときに勝敗が確定するものだ。二つの陸上戦略が敵対した場合が、まさにこれに当てはまる。ところが一方の国がシーパワー国家である場合、どちらか一方の海軍が負けると、海のコントロールを達成したほうが戦争で勝利を収めることが多いのだ。しかしこの勝利は、支配的なシーパワーを持つ国家が海の力を利用して、最低でも一つ以上の軍事力（陸軍か空軍）を敵国の沿岸から投入して陸上のコントロールを確立しない限り、達成できないのだ。

いくつかの例では、海軍の強さが海戦での勝利につながり、これによって相手国の領土の重要な地域に対して陸軍の上陸を成功させているものがある。このような例では、陸軍兵士が敵をコントロールするという任務を直接担って実行することになる。第二次世界大戦における連合国側が海からシチリア島とイタリアへ侵攻した例は、海軍が達成した海のコントロールを利用して陸軍を使った、典型的なものだ。また、すでに述べたドイツによる空と海からのノルウェイの侵攻も、これに当てはまる。これは一時的に海の一部をコントロールした国家が陸軍を使用するという、海の利用法なのだ。

シーパワーによるもう一つの海の利用法は、コントロールを達成するために経済的な力を使うことである。スペイン無敵艦隊を破った後、イギリスはスペインがアメリカ方面で行っていた海上貿易の封鎖を強め、これによってスペイン経済をほぼ崩壊寸前にまで追い込んでいる。その後スペインはその状態から二度と以前のように復活することはなかったのだ。イギリスは英蘭戦争において海軍で優位に立ち、スペインの時と同じようにオランダの貿易をつぶせる状態を獲得している。しかしオランダは先を見越してイギリスのコントロールの潜在的な強さ（イギリスの地理的な優位によって増加している）をよくわかっており、すべてのオランダの商船が撃沈されるという痛みを伴う前に、イギリスと和解して手を打っている。第二次世界大戦における日本との戦いでも、アメリカは進軍すると同時に海のコントロールを拡大して行き、日本と海外を結ぶ補給・通信線を断ち切っている。日本を降服させるために主に使われた手段はこの経済的な窒息によるものであった。海洋交易は日本にとって大国の位置を維持するためだけではなく、そもそも国家の生き残りのために不可欠なものだったのだ。

もちろんこれ以外にもコントロールを達成するために別の手段、たとえば様々な政治的圧力をかけることや、決定力を持つ人間に対する直接・間接的な賄賂、もしくは敵国家の内部のどこかで謀反などを起こす方法などが使われることもある。しかし敵に対してコントロールを確立するための主な方法は、以下の三つである。第一は味方の陸軍で敵の陸軍を倒すこと。第二は、海戦に勝利したシーパワー国家が敵の陸上へ、小規模ながらも戦争の決着をつけるには充分な力を持つ陸軍を機動投入し、敵地をこの陸軍で実際にコントロールすること。そして第三が、シーパワー国家が海での優位を使って敵国経済を破壊し、敵の統治能力を奪う方法である。海洋戦略の第二段階の基礎を成すのは、この二番目と三番目の海の優位を利用する方法である。

ここで述べておかなければならないのは、実践段階におけるシーパワーの優位の利用というのは、たいていはゆっくりとした速度で進み、時折大きな進展が一気に起こるものである、ということだ。特にこの後半の段階の「突然の大きな進展」というのは劇的に見えることが多く、我々はとかく前半のゆっくりとした段階を見落としがちなのだが、この劇的な動きは前半のネジを締め上げるようなゆっくりとした動きがなければ発生しえないということを忘れてはならない。

2　海洋戦略が実際に使われる様子

ここまでの時点で、私は海洋戦略が構成している基本的な行動パターンを紹介してきた。もちろんこのパターンを構成している要素というのは決して純粋なものではなく、陸軍と海軍と空軍の働きや、政治、経済、そして心理的な力が適度に混じりあったものである。

では、ここまで行ってきた海洋戦略の理論的な説明の次に、具体的な例から検証してみよう。これは「アメリカのための戦略をどのように発展させればいいのだろうか、そしてその現代への妥当性を判断するにはどうすればいいのか」という問題に関わってくるものだ。

この疑問に答えるために最も正しいと思われるやり方は、まずは二つの海戦をとりあげ、二つの歴史的な状況の類似点と相違点を認識し、この経験を我々の状況に当てはめて利用する、というものである。

第二次世界大戦の太平洋戦線における日本との戦いは、近代の海戦史の中でも古典的な価値があることはすでに認められている通りだ。しかし島国である日本との戦争で直面する問題と、大陸にある大国との戦争で直面する問題というのは、全く性質の違うものだ。私はユーラシア大陸にある国家と戦争をする際に使われる海洋戦略を研究する場合、太平洋戦線での戦争が参考になるとは考えていない。それと同様に、私は現在の海軍内での思想の混乱が、大陸にある大国との戦争を考える際に、あまり詳細な区別をすることなしに日本との戦争の例を無理やり当てはめて考えてみようとしている点にあると考えている。

【参考記事Ｂ】海洋戦略について

我々の状況を考えてみよう。まずアメリカは強大なシーパワー国家であり、海によって地理的にユーラシア大陸から切り離されている。我々の仮想敵国（訳註：ソ連）はシーパワー的には小さな潜在力しか持っていない巨大なランドパワー国家であり、ヨーロッパのほとんどをコントロールしていて、その残りの部分にも深刻な脅威を及ぼしているのだ。このような状況は今まで歴史上存在したことはあっただろうか？　また、もしそのような状況が過去に存在したのなら、それに対してどのような対処がなされてきたのだろうか？

実のところ、このような状況は過去に何度か存在しているし、状況もそれなりに似通っているところがある。たとえば第一次世界大戦の頃がこれに当てはまり、今回とある程度似たような方法で対処されたし、また第二次世界大戦でも同じような状況になっている。しかしそれよりもさらに似たような状況というのは、私の考えでは一五〇年前に存在している。私がこの三番目の状況を議論のたたき台として持ち出した理由は、他の二つの例よりも海洋戦略の実行がより純粋な形で理解できるからだ。私はイギリスがナポレオンを倒した史実を簡単に説明し、戦略の大まかな流れを見たところで、これを現代の戦略家たちが直面する複雑な状況に当てはめて考えてみる。

ナポレオンに対抗していた当時のイギリスの状況は、海洋戦略の二つの段階というものをかなりハッキリと反映している。まず十八世紀末の戦争開始の時点では、英仏両国とも大規模な海軍力を保持していた。戦争初期の段階では、英仏の艦隊同士の間で海のコントロールをめぐる争いがあり、この争いは実際のところ、それ以前の何年間も決着がついていなかったのだ。我々がよく知っている海戦史はまさにこの部分であり、これが最終的にはイギリスのトラファルガーでの勝利という結果になったのだ。

ところがこの海戦の第二段階は、驚くほどその重要性を理解されていない。この段階はイギリス軍がトラファルガーの海戦での勝利で海のコントロールを入手したことによって幕を開けたのであり、私が現代の状況と比較をするのは、まさにこの時点の歴史の動きからだ。我々（アメリカ）は世界の海を、かなり高い度合いのコントロールを達成できるだけの可能性（実際にそれができるだけの力を持っているかどうかという問題は別としても）を持っている。もちろんこれを実際に達成しようとすればかなりの困難が予想されることは確かだが、それでも必要な時に我々がそれを達成できる力を持っていると私は確信している。

ではこの一連の戦争の途中である、一八〇五年の時点から話を始めよう。この当時のイギリスは世界最大級のシーパワー国家であったが、その相手のフランスも世界最大規模のランドパワー国家であり、ヨーロッパのほとんどを支配してそれ以外の地域にも深刻な脅威を与えており、イギリスはこの強敵をどのように打ち負かせばいいのか悩んでいた。

トラファルガーの海戦から、その一〇年後の一八一五年のナポレオンの最後の凋落までの期間というのは、一見すればとても状況が複雑でわかりにくい。なぜならこの全期間を通じて、最後まで抵抗を続けたフランス陸軍の強さが目立っているからだ。つまり一方では表面上は全く無関係のような一連の戦闘がヨーロッパの端から端まで継続されており、もう一方ではイギリスをフランスの貿易市場から追い出すことを狙った経済戦が、ベルリンとミラノの勅令（訳注：大陸封鎖令）で最高潮に達していたのだ。イギリスはこれに対抗する形で枢密院令（Orders in Council）を発令し、ヨーロッパの交易を自国の都合のよい状態にコントロールしようとしている。この時期のヨーロッパでは、まだ政権がよく変わったり不安定だったりするような国が多く、ナポレオンに対しても従属を誓ったり反旗を翻したりなど様々で、プロパガンダや策略、賄賂、裏切りなどが横行していた。そしてこの頃の全期間を通じて、ヨーロッパ中で自分たちの同盟国となりそうな国々に対してイギリスは巨額の資金提供を行っており、事実としてイギリスはこの戦争が行われていた動乱の一〇年間に、ヨーロッパのほぼ全ての国々に対して一回以上は財政融資を行っている。この詳細を見ていくと、イギリスがこの戦争に勝てたことはまさに奇跡に近いという感覚を憶えずにはいられない。しかしこの全期間をくわしく分析すると、海のコントロールを維持するという基本的な点に関して、イギリスは首尾一貫して三つの要点を追求していたことが浮かび上がってくる。

第一が、海洋面での強みを持っていたイギリスは、フランスに対する海の包囲網を一度も緩めなかったということだ。経済戦は強く継続して行われており、ヨーロッパ大陸のシステムの中で増大しつつあった経済的な障害は、ことごとくこの戦争のために利用されたのだ。

第二は、イギリスは自身の海の交易通商路を活用して、ことあるごとにナポレオンの軍事力が弱いと見られる地点に陸軍を上陸させている。またナポレオンが一方へ進軍すると見るやいなや、イギリス軍とたまたまその当時に同盟を組んでいた国の軍隊は、その逆の地点に攻撃を仕掛けたりしている。ポルトガル、スペイン、オーストリア、北海沿岸低地帯、バルト海沿岸地方などは、ナポレオンにとっては常に危険な場所であった。彼が一旦これらの場所で発生した脅威に大規模な陸軍を引き連れて押さえ込みにかかろうとしても、イギリスはそこで利益を確保して損失を防ぎ、そして撤退して、次のチャンスが到来するまで待ち続けたのだ。

ナポレオンに対して海からかけられた圧力を最もわかりやすく示しているのは、イベリア半島のウェリントン（the Duke of Wellington）と、バルト海沿岸地方のジェームス・サウマレス卿（Sir James Saumarez）という二人の司令官が、同時に活動していたことであろう。一八一一年にウェリントンがナポレオンの言う「スペインの潰瘍」（Spanish ulcer）をイベリア半島で引き起こしていたその頃、ヨーロッパ北部沿岸の海を支配していたサウマレスは、未公表ながらも決定的に重要な秘密会合を彼の指揮する旗艦の中で行っていた。この会合により、彼はスウェーデンとロシアから合意を引き出し、ロシア皇帝はこれによって軍事的にも政治的にも、心置きなく打倒ナポレオンに専念できることになったのだ。この直後にナポレオンは陸軍をスペインからロシアへと動かしており、これがかの有名な一八一二年のフランスの大災害につながったのだが、ここで一つだけコメントしておかなければならないのは、イギリスのシーパワーが素早い政治的な決断によってナポレオンの背後で使用されなかったら、この一連の動きは実現しなかったということだ。

第三は、シーパワーを活用する際に、イギリスは一つの軍事計画だけに固執することがなかった、という点である。イギリスはナポレオンを打ち倒すという目標を片時も見失っておらず、いつでもどこでもナポレオンの弱点があればそこに攻撃を加えているが、凝り固まった計画や、未熟な戦略に没頭したりすることは決してなかった。イギリスの海洋戦略の基本的なコンセプトは、チャンスがあればそれに乗じて相手につけ込む、ということだったのだ。

徹底的かつ包括的な計画をするような現代の雰囲気の中で、我々はシーパワーが活用できるということこの奇妙で優位なポジションにあることに気づかされることが多い。このポジションとは、すなわち軍の配置、タイミング、そして陸上の戦略的な重心の重みを操作することができる能力を持っている、ということだ。

イギリスにはそれを行うだけの意志と能力があり、世界中に張り巡らせた海洋交易・通信網のコントロールを最大活用したのである。海における固いコントロールを基礎に置きつつ、イギリスとその同盟国は、ナポレオンの軍事面でのわずかな隙間にも入り込み、彼の築き上げた組織が崩壊するまで侵入し続けたのだ。イギリスが何度も復活し、最後にナポレオンを倒す役割を果たす原動力となったのがこのシーパワーの偏在性にあったということを、ナポレオン自身は最後まで気づくことができなかった。

一五〇年前と現在を見比べてみると、その状況が似通っていることに驚かざるをえない。当時もヨーロッパの気乗りしない人々の上には独裁者が統率する陸軍の影が落ちており、彼らの独立は大陸の外にあるシーパワーの協力なしでは取り戻すことができなかった。「ベルリン勅令」は「鉄のカーテン」と同じであり、この障壁の両側ではそれぞれ独自の経済体制を構築しようという動きや、海洋国家側が同盟国を少しでも多く増やそうといろいろと画策している点もよく似ている。ヨーロッパの自由主義諸国は、海を越えた向こう側にある海洋国家の金融と経済力によって、自分たちの国家経済を立ち直らせることができたのだ。そして当時のイギリスと現在のアメリカという二つの国家が自分たちの生き残りを確保するためには、ヨーロッパが一つの国（訳註：ソ連）によって統一されてしまうことだけはなんとしても阻止しなければならず、この事実を両国はハッキリと理解しているということも忘れてはならない。

3　現代の戦略を複雑化させる要因

以上が現在と一五〇年前の状況との共通点である。たしかに状況が似ていることに驚かされるが、それでも我々は当時と現在の間にある、産業革命による大変革とその現代版である技術革命、そしていまだに世界で引き続いて起こっている社会・政治革命の存在というものを無視するわけにはいかない。これらの要素は、戦争の方法やテクニックというものを信じられないほど変化させたのだ。一五〇年前のものと比べてみても、戦争というのはその見た目からしても全く様子の違うものとなっている。しかしこれよりもさらに重要なのは、近代の変革が戦争の根本的なパターンや基本的な戦略をどこまで変化させたのかという、目に見えない部分の問題である。たしかに現代の兵士たちはコリングウッド（Collingwood）大佐の指揮下で戦った水兵たちとはほとんど似ていないのかもしれないが、それでもコリングウッドやネルソン（Horatio Nelson）やバーハム（Barham）やピット（William Pitt）たちが直面した戦略的な問題と現在の我々が直面している問題は全く関係ないと言い切ることができるのだろうか？　このような疑問は、過去の経験を今日の状況に当てはめて考える際に我々に突きつけられることになるのだ。

この疑問を解くために、私は産業革命以降から発展して現代の戦略を困難にするようになった六つの要因を選んでみた。この六つの要因とは、それぞれ今まで存在しなかったか、時代の大きな変化によって新しい問題となってきたものばかりである。この六つの要因とは、戦争における「機械化」、「爆薬」、「武器の革命」、「兵站」、「飛行」、そして「核エネルギー」である。

この六つが障害の全てだとはとても言えないが、それでも私はこれらだけで問題の主な範囲をある程度カバーできると考えている。これらが戦争でコントロールを確立するための軍事行動のパターンを根本的に変化させたかどうかという問題は、過去の経験を現在の状況に当てはめるためにはそれを修正した形にしなければならないという問題と同じことなのだ。

戦争における機械化

我々が産業革命を考える際に気がつくのは、この信じられないような発展が、我々に戦車とジープ、蒸気船、潜水艦、そして自動小銃などをもたらすことになったということだ。原始的な人力だけにたよる軍隊と、工業化、もしくは機械化された軍隊との違いは、まさに火を見るよりも明らかだ。しかしこれらの違いから生まれてきた問題は、実はまだあまり一般的に充分認識されているとは言えない。たとえば、軍隊の関心は機械化された兵器を使って相手の機械化された兵器とどう戦うかということだけに集まっていると言ってよいからだ。これは三つの軍事組織、つまり陸軍、海軍、そして空軍でも同じことである。ところがここで二つの問題が考慮されなければならない。一つ目が、比較的原始的な軍備を持つ軍隊が、高度に機械化された軍隊と戦う際に使用できるような実際的な戦略と戦術を開発することであり、二つ目は、高度に機械化された軍隊が、原始的な軍隊と戦う時に使用できるような戦略と戦術を開発することだ。とくにこの後者の問題はかなり重要である。最近の例では、我々は朝鮮戦争においてこのような状況に直面しているのだが、私は我々がこの基本的な問題から教訓を得ることに失敗したのではないかと考えている。これは朝鮮戦争における戦略の考え方の是非に対して直接疑問を投げかけるものであり、もしこの戦争が拡大していたら、この疑問ははるかに多くの分野で問いかけられることになっていたはずだ。

現在我々が持っている兵器とテクニックは、我々のような装備をしている敵に対しては最適かつ有効なものであろう。しかしここで問われなければならないのは、「我々の現在の戦略のコンセプトやテクニック、そして兵器などは、高性能で複雑なマシンパワーよりも、主にマンパワーだけを使ってくる敵に対しては本当に効果的かどうか」という疑問であろう。

このような疑問は、「地上戦において最も重要なのは歩兵の強さである」と考えられている限りはそれほど致命的なものとはならない。なぜならいくら地上戦に機械が投入されたとしても、この考えがある限り歩兵力の大切さが第一に保証されることになるからだ。

このような疑問が海軍においても意識されるようになると、彼らは外洋への展開ではなく沿海の水深調査を準備しようと思うはずだ。潜水艦と対峙するという例外的な（しかしとても現実的な）場合を除けば、我々の海軍が次の戦争を想定して行わなければならない主な任務、特に海の活用のための準備とは、防御の固められた敵の沿岸と浅瀬付近に我々のコントロールを確立し、敵の領土に侵入するための軍備とテクニックを身につけることである、と私は考えている。もちろん、これについてはさらに詳細に計画を練っていく必要があるのだが、この問題について満足のいくような提案や、ましてやそれに対する解決法などはまだ提出されていないのだ。そもそもこの問題が初めから存在しないのか、または現在普及している戦略のコンセプトにかなり大きな変更を加えるべきなのか、それともそれが比較的単純な軍備やテクニックの発達を必要としているのかどうかというのは、実は私にもよくわからない。しかし誰もこの必要性に適合するような大まかな妥当性を持つコンセプトを作り上げることを提案してはいないし、このための特殊な機能を持つ兵器やテクニックを開発したわけでもない。敵の沿岸水域付近のコントロールを維持して利用する問題に関しては、私は現在よりも一五〇年前の海軍のほうがうまく対処していたと思っている。

ところがこれが空軍の場合は、やや事情が違ってくる。そもそも原始的なマンパワーによって構成された空軍というのはありえないし、我々は基本的に自分たちよりもやや技術力の低い敵に対し、高度な機能を持った航空兵器で戦うことになるからだ。これは海軍の航空部隊や空軍だけが直面しなければならない問題だ。ところがまさにこのような事情のおかげで、我々は敵のイメージを自分たちの都合の良いように描いてしまうというワナにはまってしまいやすい。これを示すよい例が、我々の全ての空爆計画が「その威力が強烈であればあるほど成功の確率が高まる」という想定を元にして練られていた、という事実だ。たしかに高度に機甲化された地上部隊に対して空から攻撃が行われる場合であるならば、この想定は正しい。なぜならそのような地上部隊は、空から最も狙いやすいターゲットになるからだ。ところがこれが基本的に人間や動物に頼っている軍隊の場合は、この想定が当てはまらなくなると考えている。つまり地上部隊に対する空爆の理論というのは、その効果の可能性が「空爆する側の技術力の高さ」と、その「標的になる側の弱さ」の二つのバランス関係に依存している、という面からも考慮されなければならないのだ。高度に機甲化された地上の標的というのは最大の脆弱性を持っている。ところが逆にターゲットがより原始的な方向に近づくと、脆弱性は限りなくゼロに近づくのだ。これなどは、海洋戦略をはじめとするその他の戦略家たちが考慮しなければならない、現在の複雑な現象のうちの一つである。

戦争における爆薬

それでは産業革命のもう一つ別の要素を取り上げてみよう。過去一〇〇年間を通じて、戦争における爆薬（explosives）の機能は段々と変化してきており、我々はこの変化の重要性を見逃してきたと私は個人的に考えている。

爆薬、つまり火薬というのは、元来どのようなタイプであれ、主にミサイル（や銃の弾玉のような飛び道具）の推進力として使われたのだ。これらの飛び道具の目的は直接狙った物体を破壊すること、つまり直接人を殺害するか、船を沈めることにあったのだ。これは効率よくコントロールを押し付けることとはほとんど関係のない、私が「過剰殺戮」（over-kill）と呼ぶものにつながっていく。私はこの言葉を、直接コントロールを達成するためには使うことのできない軍事行動を意味するものとして使っている。

歩兵部隊が今日持つライフルは、以前の戦争での戦闘の際に普遍的に使われた手段の名残である。我々は今日でも、以前のように爆薬を推進力として使っているのだ。しかし過去と決定的に違うのは、爆薬をターゲットの破壊のために使うと同時に、ターゲットに向かって飛ばす飛び道具のための推進力として使うという部分である。現代の工業化／機械化されたターゲットというものは、それが民間のものであれ軍事関連のものであれ、かなり大規模な爆発力を要するものなのだ。よって、現代の戦争では爆薬が主に破壊を行うための物質として使われることを強くうながすことになる。

この結果として、「戦争」と「破壊」を同等視する傾向が広まり、これによって「最大の破壊」が「勝利」につながるというアイディアに行き着くのだ。

部分的には正しく見えつつも、部分的にはかなり皮相的であるこの考え方は、基本的に誤ったものである。なぜ誤っているかというと、「戦争における破壊はコントロールを達成するためのものである」という事実を忘れているからだ。コントロールを達成するため以外の行動にはそもそも全く意味がないのであり、破壊がコントロールを達成できる「度合い」が、最後の勝利につながる「度合い」となるのだ。爆薬を大量に使った破壊というのは、その中にかなりの「過剰殺戮」が含まれることになり（これは爆薬の持つ重要な副次的効果である）、よって直接的に敵をコントロールできる割合を低下させてしまうことになる。

戦争における破壊とコントロールの関係は、戦争の実行の効率性を測る上で、最も大切な基準となるのだ。

海洋戦略家はかなり以前からこのようなことに気づいていたのだが、これは彼が実際に働く海という環境の持つ制約によって必然的に生まれたものだ。シーパワー利用のエッセンスは、集中したパワーを決定的な場所に機動投入し、戦争全体の破壊を最小限に抑えつつ、最大のコントロールを確立することなのだ。このような観点から、水兵は自ら選んだ重要な地点において決定的なコントロールを発揮するためには、特に陸上や空で行動できるような特殊な力を海軍に持たせなければならない、と強く考えるようになったのだ。これこそが、海軍にとって海兵隊と航空部隊が不可欠であることを示す、何よりの証拠である。

武器の革命

戦争における爆薬の役割と機械化の他にも、少し違った分野で戦略の古典的なパターンに修正を迫るような、戦争の産業革命に関連した三つ目の問題がある。

ナポレオン戦争からつい最近にいたるまで、人間は誰でもそれ相当の覚悟さえあれば、自由に反乱などを起こすことができた。機械化する前の時代では、反抗的なグループの人間が戦争や革命を起こすために必要な道具を手に入れることは比較的簡単なことだった。槍や矛槍などは即席で作ることができたし、滑空銃やライフルでさえも自分で作ったり、もしくは盗んでイザという時のために隠し持っていたりすることができたのだ。しかし戦争で使われる兵器は、過去の二世代ほどの間に複雑化して高価になり、近代社会ではこれらの武器を生産管理して購入することができるのは国家だけになってしまった。つまりこれは現代において革命を起こすためには武装化した軍隊が必要であることを意味することになったのだ。これを言い換えれば、現代に革命を成功させるためには、国家自身の持つ軍隊が反逆グループに参加するか、もしくは外国の軍隊の協力が必要になる、ということだ。

これは、航空戦略にとって航空部隊や航空支援された部隊がどれくらいの規模で必要になってくるのかという問題につながってくるのだが、これは空軍よりもむしろ陸軍の問題であると言ったほうが正確だ。さらに根本的な部分では、これは陸上戦略と海洋戦略の問題である。我々にとって直接味方となって行動を支えてくれる適度な数の陸上部隊が準備できない限り、敵の政治/軍事組織内で反乱を起こすべきではないのだ。このような事情から、戦争中に敵の内部で反乱を起こせる場所は、国境沿いか、前線から離れていて味方側が近づくことができる沿岸地域に限られてくる。革命を起こす際の制限がこのように増えたため、我々が敵の弱点につけ込もうとする場合は、機動的な海軍や海から支援を受けることになる陸上部隊の果たす役割がますます重要になってきたのだ。

戦争における兵站

産業・技術革命の発展に直接関係してくるのが、現代の兵站・後方支援（logistics）の問題である。産業革命以前の陸軍は、補給なしでも派遣先の土地で収奪するなりして自活していくことができたし、今の兵士たちにもこれは可能かもしれない。ところが機械化された陸軍にはこれができない。また、海の艦隊は半永久的に海に浮かんでいることができたわけであり、その証拠にネルソンは（フランスの最大の海軍基地である）トゥーロン港を、一度も旗艦を離れることなく二年間も続けて海上封鎖したのだ。現代の海軍もたしかに海上でかなり長期にわたって留まっていることができるかもしれないが、莫大な後方支援なしには限界がある。空軍は産業革命以前のものと比較することはできないが、軍事組織の中では兵站面では最も弱いと言える。大陸戦略、海洋戦略、航空戦略などの全てのタイプの戦略では、必要とされる物資の質と量と、それが送り届けられる時間とコストに関する決断が、重大な重みを帯びてくるのだ。

ここで我々にとって必要なのは、三つの基本的な戦略の兵站面での弱点を比較検討することである。大陸戦略では、兵站に頼っている割合が大きいという意味で、機械化された陸軍のほうがはるかに高い脆弱性を持っている。たしかに機械化された軍隊は戦術レベルでの機動力はあるのだが、逆に戦略レベルでは移動させたり方向転換させたりするのが難しくなる、巨大な集団なのだ。特に海洋戦略の分野では、産業革命以前のシーパワーと比べて、後方支援の規模と複雑さは遥かに増大している。しかし実際のところ、現代の海上後方支援の実行自体は、産業革命以前の海軍だけでなく、機械化された陸上部隊の場合と比較してもまだやりやすい作業だといえるのかもしれない。現代の海洋交通路のシステムは、現代の陸上のそれと比べてもコントロールを達成した後に妨害される確率がかなり低く、そういう意味では同じような後方支援の目標が設定された場合は陸上の後方支援よりも海洋戦略の制海権利用段階のもののほうが行いやすいことになる。

産業革命がもたらした影響を、陸上戦略と海洋戦略の兵站面から分析してわかるのは、それが複雑になりつつあるということと同時に、この現象自体はとくに目新しいものではないということだ。この問題自体は全く新しいものではなく、単にそれがひずんで増幅しただけで、伝統的に陸上戦略や海洋戦略にある基礎を無効にしたわけではないのだ。

航空戦略に関していえば――ここで私は「兵站」と次の大きなトピックである「飛行」を混ぜ合わせることになるのだが――産業革命が兵站に与えた影響というのは、やや別の方向に向けられることになる。産業革命によってもたらされた兵站問題というのは、現代のエアパワー理論の根本にあるものだ。戦略爆撃の理論と補給路爆撃（interdiction：航空阻止）の理論は、両方とも「敵の後方支援には致命的な弱さがある」ということを想定している。航空戦略を陸上戦略や海洋戦略、もしくはそれらよりもマイナーな戦略理論などと能力面から比較する場合、最初に検証するべき点は、「敵の兵站面が弱いという想定はどの程度正しいのだろうか？」ということだ。陸上戦略や海洋戦略というのはたった一つの想定に頼り切りというわけではないが、航空戦略は違う。この「敵の致命的な弱点」という想定が合意された時に初めて、我々はこの理論を他のものと比較することができるようになるのであり、この想定が合意された時に初めて、我々は「兵站の破壊」と「戦略的コントロールの達成」との関係を分析することができる。そしてこの制限の枠内でのみ、我々は正しい判断が下せることになるのだ。

飛行

補給とエアパワーの理論の関係からかなり離れたところで、飛行（flight）という現象は戦争における大きな効果を三つ発生させることになった。

一つ目は、戦争において索敵の範囲と質を拡大向上させ、戦術および戦略面でも影響を与えたことだ。この索敵の範囲と質における変化は、おそらく陸上戦よりも海戦での影響のほうが大きいはずだ。飛行は、海軍の長年の課題である「敵の居場所を突き止める」という任務に対し、他の何よりも重要な形で貢献することになったからだ。

二つ目に、飛行は戦争における破壊の使用とそれが行われる範囲を広げ、破壊するターゲットの相対的な価値を変化させている。たとえば戦時における都市というものは「国家の工業生産の中心である」と位置づけられることになり、航空機の登場によってその価値が大きく変わった。

三つ目に、飛行は新しい交通手段の登場につながったが、それが持つ可能性と限界はあまりにも知られすぎているので、ここであえて詳しく説明する必要もないだろう。

飛行がもたらしたこれら三つの効果——戦争における索敵の変化、破壊、そして交通手段—

―は、戦略思想における注目度がかなり高い。

最後に、飛行は今までの偉大な戦略思想の基礎、つまり今までのシーパワーとランドパワーに加えて、もう一つの基礎となる「エアパワー」というものを登場させることになった。もちろんこのような意見が普遍的に受け入れられたわけでもないし、エアパワー理論に関する議論の枠組みなどはまだハッキリと決まったわけではない。しかしこれが決定するまでは、航空戦略の理論について一般的な受け入れや拒否が行われるわけではないし、まさにこの理論が受け入れられるかどうかが「まだ決定していない」という事実を私は指摘したいのだ。陸軍や海軍が行う戦略的決断というのは、飛行というハッキリとした現象だけではなく、飛行というものを陸軍や海軍の活動にどのように適切に活用させせようすればいいのかまだハッキリとした答えが出ていないために、今後ますます重要性を帯びてくると考えている。海洋戦略家は、飛行という物理的な事実だけではなく、軍事力の隙間の中に存在する不確実性が生み出す心理的な事実というものに対応して、自身の実践の中で対処して行かなければならないのだ。

戦争における核エネルギー

核エネルギー（nuclear energy）は、技術革命の直接的な結果として生まれたものである。これによって我々の破壊能力は格段に増加したのだ。またこれを運搬する能力も向上しつつある。我々はこの技術が最初に与えた衝撃をすでに乗り越えたといってよい。また、核兵器の持つ直接的な破壊効果について、我々はどうやら客観的といえるような正確な情報をも入手しつつあると言える。

私の視点から言えば、核兵器の軍事的な使用について未解決である一番大きな問題は、「爆発」と「過剰殺戮」の関係、つまりすでにここでも論じられたような、「破壊」と「コントロール」の関係にある。

戦術レベルの話でいえば、この破壊が及ぼす結果というのは計算可能だ。陸上か海上の軍事目標に対する原爆の効果というのは、原爆が開発される以前の軍の行動の仕方に見直しを迫るものであろう。しかし非軍事目標に対する効果は計測不可能なところがあるために、問題を決定的に複雑にしてしまうのだ。私はこれだけの量の核兵器が使用可能である状況そのものが、我々にどのような戦争の結果が許容できるものであるかを問い直したり、もしくは我々の核兵器の使用の意図というものを再検討するように迫るものだと考えている。当然のように、この問題は我々の全軍事組織内の航空機の位置づけに対する評価と密接な関連がある。

私はその点において海洋戦略家はまだマシだと思っている。なぜならこの戦略理論においては、非軍事目標に対して核兵器を使用しなくてはならなくなるような状況が少ないからだ。とにかくこれらのケースを分析したり計測したりすることは不可能なのだ。ここでの成功のカギは、我々が何を行うかではなく、敵が我々に対して何を行ってくるのか、という点にかかってくる。我々は敵の行動を正確に予測することができないのであり、したがって、こちらが核兵器を使った場合に必ず発生する過剰殺戮に対して、敵側がどのような反応をするのかについては、まさに「出たとこ勝負」でギャンブルをするしかないのだ。これは、我々の最終目標が単に敵を破壊するという行為ではなくて、敵に対するコントロールを達成することにあるという場合には、最も解決するのが難しい問題となってくる。

4 現在（一九六〇年代）の戦略のパターン

過去の二、三世代のうちに戦争に影響を及ぼすことになったこれらの六つの問題点は、全て大きな重要性を持っている。この六つは、何らかの形で戦略に「革命」を起こしたように見えるからだ。たしかにこれらは、戦略家がプランを作る状況に変化をもたらし、実戦で使われるテクニックを見直させることになった。しかし私が見る限りでは、それらが基本的な戦略のパターンというものを変化させたことを決定的に示したとは思えない。このような問題は、いまだに戦争の全ての段階において議論され続けている段階だ。しかしこれらの問題は解決されつつあるし、それらのほとんどのケースでは実践段階において解決されつつある。海洋戦略は大きな状況変化に適応していけるものであり、これこそが現在のアメリカにとって海洋戦略が最も魅力的なものである理由の一つであると私は考えている。ではアメリカで海洋戦略がどのように実践されているのかを具体的に見てみよう。

アメリカは早ければ一九四六年の時点で、すでに全ヨーロッパが一つの国家（訳註：ソ連）の支配下に落ちてしまう可能性に気がついていた。この危険性を分析する際に、軍事、政治、社会、経済、またはイデオロギー的な面などから見ていく方法があるが、これらをひとまず置いておいて、まずはこの危険性が認識された時点までさかのぼり、そこからアメリカがどのように行動してきたか見ていこう。

まずこの当時のギリシャとトルコは、両国ともソ連からの圧力を感じていた。アメリカは、この二国を共産主義の支配から防ぐことが重要だと考えていたのだ。よってこの二国は共産主義の圧力を充分跳ね返せるように、アメリカから軍事・経済面での援助を受けることになった。これは地理的な状況と密接な関係があるという意味で最も興味深いケースである。この二国のうち、一方のトルコはロシアと地続きで国境を共有していたし、もう一方のギリシャはロシアの衛星国と地続きの国境を共有していた。両国ともアメリカからは五〇〇〇マイルほど離れているが、海によってアクセス可能なのだ。この地理的状況は驚くべきパラドックスを引き起こすことになる。それは、ロシアに比べると、ギリシャとトルコのほうが政治／経済／軍事的にはアメリカに近いということになるからだ。海という共通した国境と、我々が共有する海洋交易路システムのおかげで、彼らにとっては共産主義者たちよりも、アメリカにアクセスすることのほうが容易になるのだ。一九四〇年代後半にはいくつかの中欧の国々がロシアの影響力の圏内に引き込まれないようにしたり、またはそこから抜け出そうと努力したりしていたが、ポーランド、チェコスロヴァキア、ルーマニア、ハンガリー、そしてブルガリアなどは結局すべてロシア側に引き込まれている。「鉄のカーテン」から抜け出せたのはユーゴスラヴィアだけである。これらの国々の中で、西側諸国のコントロール下にあった海にアクセスできたのはユーゴスラヴィアだけだった。私はユーゴスラヴィアが海へのアクセスを持っていたという事実は重要だと考えている。また、私はバルト海をコントロールできていれば、我々はポーランドを失うこともなかっただろうとも考えている。

その後、北大西洋条約機構（ＮＡＴＯ）が結成されることになったが、多くの人々はこのＮＡＴＯというものが、そもそもその名前にあるように、「海洋国家の同盟である」という認識ができていなかった。ＮＡＴＯの参加国をつなげている唯一の絆は、北大西洋を中心とした海洋交易路システムにあったのである。よって我々がコントロールしている地中海の東端に位置しているトルコがＮＡＴＯの参加国であり、我々のコントロールできていないバルト海の入り口に位置しているスウェーデンがＮＡＴＯの参加国ではないという事実は極めて重要なのだ。

ＮＡＴＯ結成当初の目的は、ヨーロッパ大陸の西側諸国の生き残りを確保するための軍事同盟を組織することにあった。この組織の構造を見ればわかる通り、対抗してくる陸上戦略に対して軍事的に直接対処することが想定されていた。結成当初からＮＡＴＯの組織は拡大し始めている。欧州連合軍最高司令官（the Supreme Commander, Europe: SACEUR）は実質的に陸軍の司令官であり、この部下の北欧総司令官（Commander-in-Chief, Northern Europe: CinCNorth）は、機能的にも実質的にも海軍の指揮官となる。同様に南欧総司令官（Commander-in-Chief, Southern Europe: CinCSouth）も同じ理由から海軍の指揮官になる。欧州連合軍最高司令官と同等の立場になる大西洋連合国最高司令官（the Supreme Commander, Atlantic）も、必然的に海軍の指揮官となるのだ。現在のこの組織の構造が示しているのは、アメリカとその同盟国は海洋交易路システムのコントロールを基本においた戦略の重要性というものをハッキリと認識している、ということだ。

それではこの司令体系が示していることや、この論文の最初に区別した海洋戦略の要素を比較してみよう。すでに何度も述べたように、海洋戦略における第一段階は「海のコントロールを確立すること」にある。大西洋連合国最高司令官と、欧州連合軍最高司令官の下の北欧総司令官／南欧総司令官という二人の海軍司令官たちは、このコントロールを確保するために組織的に配属されている。海洋戦略の第二段階は「シーパワーの利用」である。北欧／南欧担当のそれぞれの司令官たちは、海軍を指揮するだけではなく、コントロールした海を利用するために必要となる、陸軍と空軍をも指揮するのだ。大西洋連合軍総司令官は交易通商路をしっかりと確保してヨーロッパ方面の支援をできるようにしておく他に、海洋面での力を直接西ヨーロッパに使ったり、南欧と北欧担当の司令官を通じて、海路から敵の包囲を行ったりする役割がある。たとえば第六艦隊は基本的に大西洋艦隊であるが、潜在的には南欧総司令官を通じて指揮することも可能なのだ。

これらはかなりスケールの大きな話に聞こえるかもしれないが、それでも大きな全体図の中の一部の話でしかない。ＮＡＴＯは世界のどこかで戦争が起こった場合の、アメリカの国益の全てを背負っているわけではないし、イギリスの国益の全てを担っているわけでもないのだ。この二つの国はＮＡＴＯの外でも単独の軍事組織を持っており、その海軍力を自国の利益のために独自に使って、ユーラシア大陸の周辺で行動を起こすことも可能なのだ。この二つの国の行動の規模や狙いにはそれぞれ違いがあるのだが、底にある考え方は同じである。

この東西の対決において、西側諸国は柔軟性、弾力性、耐久性を完全に達成できるように組織され、必要な時には決定的なコントロールを実現することに集中して備えている。西側諸国は、基本的に海洋型である戦略の考え方に、全てをかけているのだ。

註

（1）この論文は the U. S. Naval Institute, *Proceedings*, vol. 79, no. 5 (May 1953), pp. 467-477. の中で最初に発表されたものである。

【参考記事C】

なぜ水兵は水兵のように考えるのか（1）

毎年秋になると海軍省内部では危機が発生し、年度毎の予算要求の概要が決着するまでこの騒ぎは続く。国防省と議会は、冬の間に陸海空軍の予算がそれぞれにとって納得できる配分になるよう調整し、春になると軍事関連の法案の許可、承認、改正などに関する討論が勃発することになり、これが夏の長期休暇になるまで続けられる。

数年前にこの争いの焦点になっていたのが「再編成計画第六号」（Reorganization Plan 6）であり、去年はこれが「サイミントン公聴会」（the Symington Hearings）だった。予算審議の数ヶ月前ではどのような議題が上がってくるのか――例えばこれが三軍共用の支援システムになるのか、効率の話になるのか、経済か、それともシヴィリアン・コントロールの話になるのか、それともそれが早い時期に論じられることになるのか、そしてこれが全部組み合わさったものになるのか――は、誰にもわからない。

しかし一つだけ確実に言えることとは、陸海空の三軍とも、何からの形で公共の場で批判にあう、ということだ。そしてそれがどのような議題であれ、三軍はそれぞれ独自の強固な見解と意見を持っているのだ。

ここで根本的な問題となるのは、なぜこの三軍の意見は合わないのか、ということだ。なぜ兵士は兵士のように、水兵は水兵のように、そして飛行機乗りはこの二人とは違って飛行機乗りのように考えるのだろうか？

ここでハッキリさせておこう。この三軍の人間たちは、すべて同じ目的のために清廉潔白で献身的に任務を行う人々であるにも関わらず、同じようにはものごとを考えないものなのだ。たしかにある分野で偶然的に意見が一致する箇所はあるし、その数はかなり多いともいえる。あまりに微妙で分析するのは難しいが、それでもたしかに彼らの間には大きな違いが存在することは否定できない。

議論をこれから先に進める前に、ここで注意しておかなければならないことがある。それは「なぜ意見が一致しないのか」と問うことと、「彼らの意見を一致させなければならない」と主張することは、全く違う性質のものだということだ。むしろ、これらの判断の違いやアイディアの衝突、それに三軍の間に常に存在している確執などは、逆に国家が持つ軍事力を生み出す最大の源であるといえる。たしかに三軍の間やそれぞれの組織内では様々な意見の相違があり、これらがすべて解消してくれるほどありがたいことはないのかもしれない。しかし我々の国家にとって、たった一つのアイディアや軍事的な考えのパターンに皆で同意して、それに向かって任務を遂行するということほど危険なことはないのだ。これは政治の分野でも全く同じことが言える。

ここで我々が唯一理解しておかなければならないのは、この軍隊という完全に統制された組織に対して我々が持っている有利な点は、我々が政治的にも軍事的にも自分たちの弱点をハッキリと示してくれるような機能を持つシステムに組み込まれている、ということだ。このような事情のため、我々は常に知的面での蓄え、つまり戦略的なコンセプトの備蓄や、別の行動計画を実行に移せる能力などを豊富に持っているのだ。

ここで不思議なのは、三軍の一つの状況に対する見かたの違いというものが意見の相違の根本にあるにも関わらず、この意見の相違というものが今まで一般的に知らされたことがなく、しかもそれだけの価値が充分あるのにも関わらず深く分析されたことがない、ということだ。なぜ兵士は一つの考え方をし、水兵はまた別の考え方をして、飛行機乗りはそれらとはまた別の第三の考え方をしてしまうのだろうか？

私はここで、兵士や飛行機乗りに向けた議論は行っていない。なぜならここでの狙いは、水兵の考え方のパターン、つまり「なぜ水兵はそのように考えるのか？」ということの根本的な原因を示すことにあるからだ。これを行うためには、まず我々は戦争を計画する段階で使われるいくつかの「想定」を論じ、海戦のコンセプトについて少し触れてみる。その後、一般的な戦争の狙いや、現代の水兵の行動の基本的な考えのパターンをハッキリと示すために、現在のいくつかの特定問題について論じていく。

戦争の計画に使われる「想定」をわざわざ議論する理由は二つある。一つ目は、戦略の計画プロセスというものは戦争のアイディアや実際の戦争の遂行などと密接な関係を持っているからだ。そして二つ目は、これらの計画の際に使われる想定（そしてほとんどの水兵たちは意識する、しないに関わらず、これを使っている）というものが、たとえ戦争の計画とは無関係に見えるような状況でも、水兵の行動の基本要因というものを教えてくれる可能性があるからだ。もちろんこの「基本要因」というのは正式または公式的なものではなく、単にいくつかの一般的な暗黙の了解を簡約したようなものだ。

一つ目の想定は、**「戦争の狙いは、敵をある程度の度合いでコントロールすることにある」**というものだ。このコントロールという言葉は、「戦争が起こらなければ獲得することができなかった、我々にとっての有利な状態」を作り出し、それがどのような形であれ、戦後のある一定の世界の枠組みの中に敵を充分に従わせるということを示している。この主張はどちらかといえば曖昧なものなのだが、この中でカギとなるのは、この「コントロール」というアイディアが、それがどのようなものであれ、戦略的な狙いとしては手の届きにくいところにあるということだ。我々の戦争の狙いは、必ずしも敵の軍隊を打ち負かすことにあるわけではない。また、この狙いは敵国の政府を崩壊させたり降参させたりしても達成できない可能性がある。たとえば核戦争で敵国の市民（そして我々のほどんど）が犠牲になってしまえば、ますます本来の戦略の狙いから外れてきてしまうことになる。戦争において核となる問題は、ある種類や、ある度合いのコントロールというものが、どのような状況で、しかも我々のどのような行動によって発生するのか、ということにある。実際の状況に直面して判断を迫られた時に、以前に細かく計画していたことがすべて使えるということは絶対にありえないのだ。コントロールの種類と度合いというものは、それが直接的なものであれ間接的なものであれ、ある状況下では最適で、別の状況下では不適格だという場合があるからだ。しかし我々がこの「コントロール」というものが本来の狙いであると気づくことができるようになると、戦争についての考え方やその計画に対する我々の視点を、かなり大きく広げてくれることになるのだ。

我々が海や陸上でのコントロールを達成するため使える手段はいくつかある。ある程度の軍事的なコントロールというものは、破壊——敵の能力、人間、兵器、そして基本的な資源物質の段階から兵器の段階まで連なる物質的な支援の組織構造を、直接的に破壊すること——によって達成される。このような議論は、だいぶ世界中に知られるようになってきている。

ところがここから派生または付随したもので、「移動不能、または麻痺によるコントロール」と呼べるものもある。なぜここでこれに触れておかなければならないのかというと、つい最近までこの分野については充分な考察がなされていなかったからである。

これを実際に実行するのは難しいかもしれないが、目に見える形でハッキリとした、しかも実行可能なコントロールを行うには、敵の占拠・占領——つまり、ある特定の領域や統治機能の集中した所を物質的に占領すること——が一番効果的なのだ
ある種の「コントロール」というものは、破壊行為を行うということを宣言したり、もしくはそれを行うことを無言でほのめかしたり、もしくは占領する可能性をチラつかせたりすることによっても実行されることがある。たしかにこのような「脅迫によるコントロール」というのは、それがどの程度のものでどのくらいの度合いで行われ、そしてどれだけ続けることができるのかという点から考えればあまり確実なものとは言えないのだが、それでも軍事力の使用方としては政治的にも軍事的にもこれが最も望ましい手段となることが多い。

もちろんその他にも、経済的、政治的、社会的、そして心理的なプレッシャーなどによる、さらに間接的な形のコントロールがあり、これらは海洋戦略が実行される際に常に重要な役割

を果たしている。

戦争の計画の際に基本となる二つ目の想定は、「**我々は次の戦争がどのような形になるのかを、確実に予測して準備をすることはできない**」というものだ。次の戦争が起こるタイミング、場所、範囲、戦闘の激しさ、流れ、そして全体的な傾向などは、全てあいまいで不確実なのだ。侵略してくる敵国は始めからそのタイミングと場所を決定することができるが、我々はそれを最終段階まで知ることはできないのだ。ガダルカナルや朝鮮半島、そしてスエズ運河で起こったことを、誰がはじめから予測できただろうか？　我々が心に留めておかなければならないのは、このような不測の状況が起こる可能性は常に存在するということであり、我々の計画が抜け目なく包括的であればあるほど、我々は実際の状況にうまく対処することができる、ということだ。

「次の戦争がどのようなパターンで、何時、どこで、どのようなものになるのかを、我々は確実に知ることができない」という、このあきれるほど単純な前提を受け入ることができた時にはじめて、我々は平時の計画の際に最も重要なのは「特定の一つの計画に凝り固まってしまうのではなく、複数の戦争計画を準備することである」という結論に達することができる。全ての範囲をカバーしたコンセプトを計画する際、最初に必要になってくるのは、それがいかなるものであっても、最も広範囲に考えてどのような状況にも時代にも対応できるようにしておくことである。しかし我々がどのような状況にも対応できるように準備し終わったあとで、例外的に特定の状況をあらかじめ想定して準備してよい場合が二つある。一つ目は、兵站と物質的な必要性から由来するものであり、二つ目の理由は、可能性か危険性（そのどちらか一方か、もしくはその両方）があまりにもハッキリしているために、それを元にして特定的かつ現実的なプランを立てることができる場合だ。現在ヨーロッパでNATOが直面しているのが、まさにこのような状況である。また中東で直面している状況もこれと似たようなものであり、これを書いている時点（訳注：一九五七年の夏）では、アメリカが今後どのような行動をとるのかはまだハッキリしていない。

近年のゲーム理論はこのような状態をうまく説明している。この理論におけるプレーヤーは、ある一つの融通の利かない戦略だけに凝り固まってしまうと、大きな危険に直面することになる。なぜなら競争相手がこのたった一つしかない戦略を見抜いて、すぐに対抗策を打ってくるからだ。戦略に必要なのは、先行きの見えない状況に対して意図的かつ計画的に応用することができるような、深さと幅、柔軟性と適応性だ。このような比較的先が見えにくい状況を想定して計画することとは、実は思ったほど危険なことではない。なぜなら、軍事組織というものはどのような出来事が起こっても、ある程度秩序を持って対処することができるからだ。しかし「これは確実に起こる」と思い込んで計画するのは、全ての軍事的な失敗の中でも最大のものであり、これは軍事史があまりにも鮮やかに教えていることだ。ここでなぜこのようなことを述べておく必要があるのかといえば、それは我々が一般的な世論に迎合する必要がない、ということを示しておかなければならないからだ。

つまり選択肢は多いのだ。

それではこのようなややこしい「想定」の話から離れ、次に海洋戦略の話題に移ろう。これは特定の海戦などの細かい話よりも、もっと包括的な話である。水兵がこの戦略を考える際に無意識的に前提条件となっているのは、「海洋交易通商路が戦争の成り行きに及ぼす影響は大きい」ということだ。すべての海を通じて世界につながっているアメリカは、たしかに国家の行動と国策が海洋交易路によって大きな影響を受けてしまう状況にある。ここでは我々の経済の中で海の運搬手段が果たしている役割がいかに大きいものであるかをわざわざ論じる必要はないだろう。また、我々の世界に対してのコミットメントや外交政策などがたった二つの要因によって成り立っていることについても詳しく論じる必要はないのだが、念のために簡単に触れておくと、一つ目の要因は、なんとなくまとまっている政治目標（広い意味でいえば、国家主義に対抗する「個人主義の推進」）であり、二つ目の要因は、海洋交易通商路の網目が世界中に張り巡らされている状態を維持することである。現在の我々にとって最も重要な政治目標は、NATOの名前からもわかるように、北大西洋の交易通商路システムを維持することだ。

以上のような事情から、アメリカが海洋関連の戦略面で真剣に考えていかなければならない理由があることは水兵にも充分理解できるはずである。だからと言って彼らは「アメリカの国益が海洋分野だけにある」とまでは言わないが、それでも全体的な国益の基礎の考察の中では海洋関連の権益はしっかりと考慮されなければならない。と主張するものだ。

海洋戦略の考え方のパターンの中には、大きくわけると二つの任務が水兵にあることがわかる。ここでは議論をしやすくするためにこの二つを区別しているが、実際のところはこの二つの任務はあまりにも密接に関連しあっており、いつ片方が終了して、いつもう一方が始まったのか、非常に見分けがつきにくい。

水兵の第一の任務は「海のコントロールを確立すること」であり、当然のようにこのコントロールされる領域には海中やその上空も含まれる。第二の任務は「海のコントロールを利用し、そのコントロールを陸上まで拡大すること」である。

「海のコントロール」というのはあまりにも簡潔でぶっきらぼうな言葉であり、とても流動的なために、これから様々な状況を想定することができる。これが完璧に達成されることは稀だし、むしろ完璧に達成される必要もほとんどない。ほとんどの場合は、潜在的な海のコントロールだけでこと足りてしまうのだ。我々は現在このようなことを世界中で行っている。潜在的なコントロールができていなければ、NATOやSEATO（東南アジア条約機構）などをはじめとする公式あるいは非公式の機構は一瞬にして崩れ去ってしまう。「海のコントロール」というのは、ほとんどの場合は限定的な度合い、もしくは特定地域だけのコントロールだけで充分である。ここで言う海のコントロールとは、その時々に必要なことが何であれ、これに対処する際の状況によって左右される問題である、ということ以外に付け加える必要はないだろう。

第二の「海のコントロールを確立し、維持し、活用する」という任務は、最終的に敵をコントロールするまでに至る過程の、最初のステップである。海をコントロールしている側は、これによって自分たちの近くではなく、敵の領土の近くに戦場を設定することができるし、その次の段階の戦略的な動きを自由に選ぶことができるようになるのだ。つまりこれは「次に敵はどのような手を打ってくるのか？」と心配するよりも「我々は次にどのような手を打つべきか？」という風に考えることができるようになる、ということだ。我々が世界の海洋交易通商路システムを手に入れていれば、戦略的自由というものは敵側よりも我々にもたらされることになる。

そしてそこから海のコントロールを陸上に拡大することになるのだが、これは破壊行為や敵を麻痺状態にすること、そして我々が必要な時と場所に軍隊を投入することなどによって達成されることになる。一般的にいえば、我々の海のコントロールは敵の行動に対してかなり強力な制限を与えるものであり、このようなジワジワと染みていく窒息的な効果というものは、静かながらも持続的に我々のコントロールを相手側の陸上にもたらすものなのだ。これによって、海というものは敵側にとっては「通路」というよりも「障害物」に変わってしまうのだ。敵を軍事的、経済的、政治的、心理的に制限するこの障害（海）は、あまり目立たずとらえどころがないが故に、逆に強力な効果を持っている。今日ヨーロッパや極東に駐在しているアメリカ兵たちの一人一人は、アメリカの持つ海洋力が拡大して具現化したものだ。我々が国外に持つすべての空軍基地は、アメリカが敵のコントロールを確立するために必要とする、海のコントロールの延長なのだ。

海軍に与えられた使命とは、この「海のコントロール」と「その利用」の二つにある。この二つの任務は単刀直入で分かりやすいものである。水兵が存在する理由は、以下のようなことにある。

＊海から行われる攻撃からアメリカ本土を守ること。
＊敵の海軍、輸送艦、基地、そして支援活動などを探索して破壊すること。
＊敵の海の使用を拒否すること。

＊重要な海の領域、海峡、海の通路、地中海、両シナ海、そしてアメリカ周辺の水域をコントロールすること。
＊そして、海における全般的な優越性によって、アメリカが世界中の海に持つ軍事・民間の複合的な力を敵地に投入し、保護し、維持するために利用すること。

これらを念頭において、我々は戦争で考えられる限りの不確実な状態に備えなければならないし、海軍は戦争の規模の大小や、限定／非限定、地域的／グローバル、核／非核などの性格を問わず、その役割を果たすために戦わなければならないのだ。

これまでの議論でハッキリしていることは、アメリカは自ら戦争を開始するような意図を持っているわけではない、ということだ。これによって二つの選択肢が残されることになる。一つ目は、アメリカの敵によって戦争が仕掛けられる可能性がある、ということだ。しかもこの敵は、自分たちが早い段階で負けるとは考えていないからこそ戦争を仕掛けてくる、ということを忘れてはならない。この始まりは唐突な攻撃によるものかもしれないし（戦争の開始は実際このようなパターンが多い）、または敵が明らかに攻撃準備をしていることが認められるような、緊張の高まりによるものかも知れない。いずれの場合でも、敵は戦争に勝てると自分たちなりに確信できるようなプランを持っているからこそ、戦争を仕掛けてくるのだ。

戦争が始まるその他の例としては、特定地域での摩擦の増加や緊張の高まりが原因となって、誰も望まないのに地域紛争が段々と拡大していくパターンがある。この典型的な例が中東紛争であり、これは緊張を方々に拡大して、最終的にはヨーロッパだけでなく我々をも巻き込んでいく可能性が高い。その始まりがどのようなものであれ、戦争というのは水兵にとって作戦レベルでは以下のように分類することができる。

* アメリカの防衛
* 我々が世界中に持つ交易通商路の維持
* 戦争の安定化
* 戦争のパターンのコントロール（主導権）を獲得すること
* 敵に対するコントロールを確立すること

これは戦争を分析する方法としてはあまり伝統的なやり方とはいえないし、これについてはここで多少説明が必要だろう。

最初の「アメリカの防衛」というのは極めて明らかなものだ。水兵に関する分野では、それが潜水艦、ミサイル、または航空機や船から発射されるものであれ、海軍の任務はこのような攻撃からアメリカを守るということにあるのは全く議論の余地はない。また、海軍は敵とアメリカ本土との間の距離を設けるようにして、戦闘がシカゴではなく、海外で行われるようにしなければならない。

二つ目の「世界中の交易通商路の維持」であるが、これはつまり海のコントロールと利用という意味である。水兵はこれこそが決定的に重要だと考えるのだ。我々がこれを維持できなければ、陸上部隊も航空部隊も、そして我々の同盟国までも、本当に深刻な状態に陥ってしまう。

もし我々がヨーロッパに食糧を届けられなくなり、海外のパイプラインに燃料を流せなくなり、そして海外の駐留部隊に対して武器弾薬を届けられなくなってしまえば、まさに状況は「お先真っ暗」になってしまうからだ。

三つ目の「戦争の安定化」であるが、これは少々説明する必要がある。すでにこの論文ではアメリカは戦争を自ら開始する意図を持っていないことを述べたが、もし敵が戦争を始めるとすれば、当然のようにそれは敵に好都合な状態で始められることになる。これ以外の状況はありえないのであり、従って我々はどのような敵であれ、彼らが最初にある程度の成功を収めることは否定できない。よって、我々が最初にどのような形であれ、この攻撃を防げなかったことを批難されることは確実なのだ。これを受けての我々の最初の任務は、敵の次なる攻撃を防ぎつつ、その間に反撃を準備できるような、ある種の安定した状態を作り出すことにある。まず我々は、自分たちの軍隊を敵の最初の動きに合わせて補強して再編成し、敵の攻撃にできる限り持ちこたえ、戦闘の全体的なバランスを動かすことができるようになるまで、敵の軍隊を消耗させせなければならない。

その後、我々が敵のやり方で戦争を戦うことを望まない限りは（我々は第一次世界大戦で実際にこのようなことを実行してしまった苦い実績を持っているが）、我々は戦争のパターンをコントロールしなければならないし、戦闘の性質や場所を、自分たちの望む形のものや、できれば自分たちが得意で敵にとっては苦手なタイプのものに変化させせなければならないのだ。

ところが、戦争の性質や場所を自分の有利な方に変化させるということは、今まであまり意識的に考えられたことはなかった。これはこのような場で簡単にまとめて論じることができるようなものではなく、じっくりと腰をすえて研究されるべきテーマである。同盟国側は、第一次世界大戦の全過程にわたって、ドイツ側が最初に設定したパターンに沿って戦うはめになった。第二次世界大戦では、ヨーロッパと太平洋の両戦線で戦闘がある程度安定してから、同盟国側は戦争の性質を変化させることができた。ヨーロッパ戦線だが、西側の軍隊がヨーロッパ大陸から追い出されることになると、陸上の戦闘の圧力の中心地は北アフリカからイタリア、そして再びフランスへと移っていったのだ。また、航空戦の中心地は、イギリス海峡からドイツ上空へと移っている。

太平洋戦線では、日本軍の最初の目標は南部の諸島を獲得することにあった。ここでの戦闘はミッドウェイと南太平洋において拮抗することになり、その後は我々が攻勢となって戦闘の中心地を太平洋中央部に移し、最後はこれが日本の本土に移ることになった。もし我々が日本のプランをあらかじめ知っていて、彼らが選んだルートを逆から、つまりインドネシアや東南アジアからシンガポールとニューギニア方面へと巻き返すことができていれば、我々の仕事ははるかにやりやすいものだったはずである。

朝鮮戦争においても、我々は北朝鮮に韓国側へと押し込まれて大損害を受けていたが、仁川とソウルに侵攻してから、戦争の全体的な様相が変化している。ちなみに、参戦国はこの戦争の後半に戦闘の関心を航空戦に移したがっていたが、これに関してはあまり関係がないのでここではあえて論じていないし、それがどのような効果を及ぼすことになったかをあえて憶測する必要もない。これについてはさまざまな見方があって、意見が一致していないからだ。

正確に表現することがやや難しいコンセプトを説明するためには、以下のような例をあげるいる。

のがよいだろう。戦争のパターンをコントロールする側は測り知れない優位を持つことになることは何度も説明している通りだが、これを強いてわかりやすく言えば、パターンをコントロールする側は自分の好きな曲を選び、この曲に合わせて相手を踊らせることができるのと似ている。

戦争の主な特徴というものを理解するために、まず敵が戦争を開始して、西ヨーロッパを征服しようとし始めた場合を考えてみよう。この場合では、敵は当然のように我々の海の交易通商路を遮断したり、アメリカの産業や軍事支援を破壊したりと、様々なことをやらなくてはならないが、特に後者を行うことは、結局は西ヨーロッパの征服を諦めるということにもつながってくる。

その次に、我々がヨーロッパのどこかの地点で持ちこたえ、シーレーンが使える状態を保ち、敵の航空機による攻撃にあってもアメリカをなんとか軍事的／経済的に機能させることができるような、戦闘の均衡した状態まで持ち込めた場合を考えてみよう。ではここから戦闘を継続して敵をコントロールできるようにするためには、我々はどうしたらよいのだろうか？

ある学派の考えでは、充分なレベルのコントロールは「破壊」、つまり敵の軍事機構の大規模でほぼ全滅的な破壊によって達成できる、ということになる。我々はすでにこの戦争は始まってしまうものと仮定して話をしているので、これを踏まえて、敵が我々の攻撃に耐えるか受け流すことができるか、もしくはそれ以上に反撃することができると考えている、ということをまず理解しておかなければならない。ここで示しておかなければならないのは、破壊のみで敵を打ち負かすことはできない、という点だ。相手の実力と自分たちの実力を熟知していたとしても、我々は能天気に「相手は確実に負けることを知っていながら戦争を始める」と推定することはできないのだ。つまりこれは激しい戦闘が行われる可能性が高いということだ。核兵器による応酬があった後でも、まだ闘おうとする人間がいるかもしれないのだ。一旦戦闘が均衡状態になれば、我々は敵をコントロールするために、破壊以上のことを行わなければならなくなる。ある一定期間にわたって敵をコントロールしようとするのであれば、我々は陸上部隊――つまり古典的な「戦場に銃を持って立つ兵士」――を投入しなければならなくなるのは確実だ。

これを行うためには三つのやり方がある。一つ目は敵が最初の戦闘を始めた場所まで同じ道を辿って押し戻す方法である。二つ目が陸上部隊を空から投入すること、そして三つ目は海から船を使って投入する方法である。一つ目だが、これは兵士が大陸を横切って行進しなければならないということであり、誰もやりたがらない方法であろう。しかしその他の二つは、かなり実現性の高いものだ。例えばわずかな数の兵士だったら、彼らを素早く多くの場所に空輸することはできる。しかし彼らを長期にわたって支援するということになると、かなり困難になってしまう。ある一定規模の陸上部隊の後方支援を行うのは、実はかなり大がかりな作業になってしまうからだ。海から船を使って兵を運ぶのは、最初の行動の開始場所を限定してしまうという意味では自由度は少ないが、兵力の規模を比較的大きくできるのと、上陸後の支援の行いやすさという面では、空輸や陸上部隊の行進よりも実行しやすい。

我々にとって有利なのは、すでに我々が相当規模の海軍力を持っているという点であり、どのようなルートを使ってもある程度危険な地域へ行くことができる、ということだ。我々はこの力を活用するべきなのだ。この点について憶えておかなければならないのは、戦争に関するすべてのテクニックや方法などの中で、国家が独占できるものはたった一つしかない、ということだ。海からの攻撃が、まさにそれである。それがどのような規模であったとしても、これを実際に実行することができるのは世界中でもアメリカ以外にはありえないのだ。よって、我々はこれをできる限り活用しなければならない。また、さらにはコントロールという目標に向けて、他の種類のプレッシャー――ほとんど軍事的とは言いがたいものや、政治的、社会的、または経済的な手法のように見えるものなど――と組み合わせなければならない。

これら全ては、敵をある程度の割合でコントロールをするための任務に直接関わってくるものだ。平時でも戦時でも力を発揮する、この海軍力の奇妙な利便性というものは、水兵たちに「国家が使用できる圧力のバラエティーは広い」ということを常に気づかせてくれる役割を果たしているのだ。

よって水兵が計画を行う際にその基本の一つとなるのは、戦争の狙いはある特定の陸戦や海戦分野での戦果の達成だけに留まらず、我々が行う全ての軍事行動が、非軍事分野での行動と同様に、最終的には「敵のコントロールの達成」に貢献しなければならない、という暗黙の了解なのだ。

また本論の最初に戻ってしまうが、戦争の狙いはまさにこの点にある。それ以外の二つの「想定」は、「戦争の形態や流れがどのようになるのかを完全に予測することは難しい」ということを述べているにすぎない。

このようなことから考えると、現在のアメリカの戦争に対するアプローチは、「破壊」とそれによって敵に活動不能状態をもたらすことによってコントロールを達成できるということを強調しすぎているように見えるという点で、非常に興味深いものがある。その証拠に、最近、欧州連合国軍最高司令官が就任後初の公式声明で、このような考え方をかなりハッキリと表明している。

しかしこれと同時に、我々は「どの敵も勝つ見込みがなければ戦争を仕掛けてこない」という合理的な憶測も持っている。よって、いくつかの防衛機能が組み合わさったものか、敵味方でお互いに息切れしてしまうことか、放射性物質の危険性をお互いに認知することか、もしくは今までみたことのない何かによってなのかはわからないが、とにかく核兵器による破壊だけでは適切なコントロールを得ることができない可能性も、たしかに存在するのだ。

どのようなケースが研究課題として取り上げられたとしても、海軍力のある国家が行動の自由を持っていることには変わりない。なぜなら海軍力を持つ国家は、たった一つだけの取り返しがつかなくなるような行動だけに縛られることなく、一旦戦闘が均衡状態になると、自分の好きな行動を起こせるようになるからだ。そういう意味で海軍力のある国家は、戦争の流れをコントロールし、戦略のパターンを自由に選択し、戦争が進展すると共に必要となってくるものに海軍力で対処することができ、そして自国の狙いに必要なコントロールの種類や度合いを敵に対して押し付けることができるという、最高の立場にあることになるのだ。

おそらく本稿は「なぜ水兵が水兵のように考えるのか」ということをあまりうまく説明できていないかもしれない。たとえば、水兵はなぜ海軍のパワーを多機能で多目的な用途に使えるようデザインしたり計画したりするのか、また、彼らはなぜアメリカを防衛したり、どんな状況が発生しても国家の政策に合うような形で対処できるように海軍力を構築しようとするのかを、うまく説明できていないからだ。

水兵が常にハッキリと説明できないということに関しての結論があるとすれば、それは海軍力の有益性というものを、規模の大小や核の使用不使用に関わらず、たった一つの状況だけで判断することは適切ではない、ということになる。本当に正しい判断をしようとするのならばその他の状況で海軍が及ぼした副次的な効果というものも考慮に入れなければならないのだ。

最後に一点だけハッキリさせておきたいことがある。それは水兵が他の軍人たちと同様に自分たちの仕事をいくら誇りに思っていたとしても、彼らは海軍のみの力で全ての戦争に勝てると思っているわけではない、ということだ。実際のところ、彼らができるのは、海に出ることによって、陸上の兵士たちの力と飛行機乗りたちの力を水兵たちの力と合わせ、それと同時にアメリカの持つ政治や経済、そして社会面での力をアメリカの防衛に必要なもののために使い、アメリカが必要とするだけの度合いのコントロールを達成することだけなのだ。

アメリカが国家の危機に直面した時に、水兵たちがアメリカ政府に「海洋戦略はアメリカがどの国よりも優位に立っている分野の一つである」という事実を思い出して欲しいと考える理由は、まさにここにある。一旦戦争が始まって戦場に赴くことになれば、どの国の水兵でも自国政府が持つ有利な点を最大限に活用して欲しいと考えるものである。そうすれば時間も仕事も節約できるかも知れないし、結果的にはかなりの数の人命を救うことにつながるかもしれないからだ。

註

（1）この論文は the U. S. Naval Institute *Proceedings*, Vol. 83, No. 8（August 1957）, pp. 811-817. で最初に発表されたものである。

イントロダクション

ジョン・ハッテンドーフ
(John B. Hattendorf)

Ｊ・Ｃ・ワイリー少将は、アメリカ海軍の士官の中でもかなり珍しい人物だ。彼は現役の士官としては、五〇年以上も前のルースとマハン以来、はじめて軍事と海軍の理論を著した人物として知られるようになったからだ。ワイリーは水兵であり、海軍士官であり、熟達した艦船の操縦者であったが、同時に彼は入念な戦略思想家となった。ワイリーは、自分の海軍での経験と観察を通じて、次第に抽象的な理論に興味を持つようになっていった(1)。ワイリーの著書である『戦略論の原点』(*Military Strategy: A General Theory of Power Control*)は彼の実際の経験と海軍士官としての仕事の中から生まれたものであることは明らかだ。彼の経歴を見てみれば、彼が本書を書くに至った考えの流れを見ることができる。彼の考えに最初に影響を与えたのは、創設されたばかりのアジア艦隊に従事した経験を通じて得た、文化の違いの認識である。この後、ワイリーは第二次世界大戦での戦闘や、戦闘情報センター(**the Combat Information Center**)の立ち上げ、そして戦後の人間工学の発展についての関わりなど、様々な経験をしている。また、アメリカ海軍が米軍統合に至る過程で陸軍や空軍などと権益争いをしている時期に、彼が海軍大学で受けた刺激や、深く考える時間を得ていたことなども、彼の思想の発展における重要な要素である。このような様々な影響が重なり合い、一九五〇年代に海軍大学で行われた戦略とシーパワーの研究会に参加することなどによって、彼の思想は結実したのである。これらが『戦略論の原点』に至るまでの知的面での基礎となったのだ。

ワイリーの父親のジョセフ・カルドウェル・ワイリー・シニア（Joseph Caldwell Wylie, Sr.）は、出身地であるサウス・キャロライナのクレムソン・カレッジを卒業している。そこからビジネスを求めてニューヨーク市に出て、海洋関連の電灯や信号機器などを製作するロヴェル・ドレッセル・カンパニーの重役を歴任している(2)。彼には妻との間に長男とその妹の三人の子供があった。長男は一九一一年三月二十日にニュージャージー州のニューアークで生まれ、ニューアークとその近くの町グレン・リッジで育っている。彼は父親の名前を受け継いだにもかかわらず「ビル」と呼ばれている。

幼少期を振り返るたびに、ワイリーはよく「私は高校を中退して、大学には行ったことがない」と言うのだが、たしかに彼は高校を卒業しておらず、その当時のアメリカ海軍士官学校は高校卒業の資格を生徒に与えていなかった。一九二八年の一月に彼はニュージャージー州ニューアークのバリンジャー高校を退学し、海軍士官学校のあるアナポリスにあるワーンツ予備校の入学準備コースに参加している。これを修了後、ワイリーは家に戻り、地元地区選出の下院議員が設けた学力査定試験を受けている。この試験は海軍士官学校の入学資格試験も兼ねており、ここで彼は最高点を獲得したおかげで海軍士官学校の入学を許可された。四月に入学許可の知らせを受けた後、ワイリーは卒業前に高校を離れ、両親が別荘を持っていて、幼少期から海への愛着をはぐくみ航海術を習った、バーネガット湾で航海して残りの春を過ごすことにした。

まだ十七歳になったばかりのワイリーは、同じ夏に海軍士官学校に入ったほとんどの生徒たちよりも若かった。入学後の彼は成績優秀であり、彼の卒業した年に出版された海軍士官学校の様子を書いた本によれば、ワイリーは「勉強は彼にとって何の苦痛でもなかった。常に彼の成績はトップクラスで、充分な時間を本や良い雑誌の読書に当てており……」と書かれている。彼の正課外における主な活動はボート部であった。彼は「自分が代表選手となるためには体重が軽すぎ、軽量級の選手としては重すぎるということを発見してからは、何ヶ月も猛勉強してボート部のコーチという難しい地位を獲得」(3)している。

一九三二年の六月には配属が決定し、ワイリーは重巡洋艦であるオーガスタ(CA-31)への任務を始めている。この船はワイリーが配属されるたった十八ヶ月前に就航したばかりであり、しかもこの船は米国海軍のアジア艦隊の旗艦になったばかりであった。オーガスタでの任務を開始してから最初の四年の間に、ワイリーは士官として、海軍の他部門では体験できない経験をすることになった。小規模なアジア艦隊は、他の艦隊から独立した単位で行動しており、アメリカ艦隊の総合司令官を通じてではなく、他の大将級の司令官たちと同様に、報告を直接海軍省にあげることになっていた。アジア艦隊の最も主要な任務は外交にあった。しかし万が一戦争が勃発した場合、小規模なアジア艦隊はそれよりもはるかに大規模な太平洋艦隊に加えられることになっていた。したがって、ワイリーの乗る旗艦のオーガスタが厳しい海上軍事演習などに参加する機会は限られていた。この当時の海上軍事演習は一年のうちで一月から二月にかけて行われることが多く、それ以外の時間をオーガスタはある程度決まったパターンで様々な場所を航海している。例年のスケジュールは、まず香港で二、三週間過ごし、中国沿岸をアモイや福州に立ち寄りつつ揚子江の河口まで上がり、時には上流の南京まで訪れることもあり、それから北上して軍港のある青島で夏の三ヶ月を過ごすというものだった。秋になるとオーガスタは南に向かい、フィリピンで冬を過ごし、その間にシンガポールやオランダ領東インド行くことになっており、一九三四年にはオーストラリアを訪れている。

ワイリーにとって文化の違いというものを理解させる上で最も劇的な出来事が起こったのは一九三四年の夏である。当時アジア艦隊の司令官であったフランク・B・アップハム(Frank B. Upham)中将は、この年には例年通りの航海パターンからはずれて、一九〇五年に日露戦争の日本海海戦でロシア艦隊を全滅させた日本の東郷平八郎提督の葬儀にアメリカ代表として参加するため、青島から横浜に向かった。

儀礼では四〇人からなる水兵の一隊を引き連れた二人の士官がパレードを行進することになっていた。ところが、この時にチェスター・ニミッツ大佐(Chester W. Nimitz)は、通常の上陸部隊の水兵は使わずに、身長が六フィート(約一八二センチ)以上ある水兵だけを集めて行進させることにしたのだ。ワイリーはこの時に旗手を務めており、アメリカ代表団の一員として行進している。彼らのすぐ前には日本とイギリスの海軍の代表団が行進していた。東郷元帥の棺を先頭に、多くの国からの派遣団が行進していたが、ワイリーは沿道の観客たちがアメリカの代表団だけがどの集団よりも頭一・五個分だけ高いことに気がついて話し合っているのが聞こえたと言っている。

この当時、任務から離れて陸に上がっているときのワイリーは外国文化を体験したが、とくに、二つの異なる文化が別々の場所でそれぞれ独自の基準で働いていることに感銘を受けている。またワイリーは船上において、アジア艦隊の任務が他のアメリカ海軍のもとはかなり違った特殊なものであることに気づいている。この艦隊は常に外交と国際関係に関連した行動をするために、海軍的な任務であるにも関わらず、その影響は軍事だけには留まらないものがあった。このような事情から、彼の初期の実践的な経験は何人もの優秀な士官たちによって磨かれて行くことになった。たとえば彼がオーガスタで勤務した時の艦長たち、ジェームス・O・リチャードソン大佐 (James O. Richardson)、ローヤル・E・インガーソル大佐 (Royal E. Ingersoll)、そしてチェスター・W・ニミッツ大佐の三人は、その後一〇年以内にそれぞれ中将（アドミラル）の地位まで登りつめているのだ。

オーガスタにおける任務が終了する一九三六年の五月に、航海局はワイリーに対してその当時、ニュージャージー州のカーニーにある連邦造船ドライドック社によって建造中だった駆逐艦リード（DD-369）への配属を命じている。リードの司令官はロバート・B・カーネイ (Robert B. Carney) であり、彼も後に海軍全体の作戦を指揮している。ワイリーはこの時代を振り返って、「あの当時の海軍の素晴らしさを疑う奴はおかしいよ」と言っている。

リードでの任務中に、ワイリーはニュージャージー州のエリザベスに住むルーサー・W・バーニー (Luther W. Bahney) 夫妻の娘のハリエット・バーニー (Harriette Bahney) と婚約している。彼女はコネチカット州のウォーターベリーの女学校のセントマーガレット学院を卒業した。二人は一九三七年の十一月二十七日に結婚してエリザベスとピーターという二人の子供が生まれ、二人とも後に海軍士官になっている(4)。

海で六年間を過ごした後、ワイリーはサンディエゴが母港の駆逐艦アルテア(AD-11)に配属換えになっている。一時的にアナポリスに戻って海軍士官学校にある行政局での任務の後、彼は一九三八年の七月から一九三九年の六月までこの船の通信士官として勤めている。一九四一年の七月、ワイリーは一九四〇年の「第四次海軍拡張法」(両洋海軍法)によって建造された、新しい一七〇〇トンクラスの駆逐艦ブリストル(DD-453)に配属された。ワイリーが配属されたとき、この船はまだカーニーの造船所で建造中であった。ワイリーはこの船に配属されて最初の年に、カナダとアイルランドの間の北大西洋上で、輸送船団の護衛任務に参加している。ブリストルの艦長は、時としてカナダやフランス亡命政府、そしてポーランドなどのコルベット艦を率いる護衛船団の上級司令官という役割も果たしている。

一九四二年の五月、ワイリーは再びカーニーの造船所に呼び戻され、今度はウィリアム・コール(William M. Cole)が艦長の、新しい二一〇〇トンクラスの旗艦である駆逐艦フレッチャー(DD-445)の上級士官として配属されている。一九四二年の六月に就航したフレッチャーは、同年十月にアメリカ東部沿岸からニューカレドニアの首都ヌーメアに到着しており、その直後からガダルカナルで行われる作戦のためのパトロールと船団の護衛任務を開始している。十月三十日にはルンガポイントを砲撃し、十一月九日の米軍のガダルカナル上陸の援護を行っており、十一月十二日にはガタルカナル戦の緒戦(第一次ガダルカナル海戦)における日本軍の強力な空からの攻撃に対して補給船を守るための支援を行っている。

フレッチャーは十一月十三日金曜日にガダルカナル沖で行われた夜間の交戦（第二次ガダルカナル海戦／第三次ソロモン海戦）の際に重要な役割を果たしており、砲撃と魚雷により日本の駆逐艦二隻を沈め、戦艦「比叡」に損害を与えている。

海軍士官学校の歴史教科書が「混乱と猛烈さでは海戦史上他に類を見ないほど」(5)と指摘しているこの激しい戦闘で、フレッチャーは驚くべきことにわずかな損害しか受けていない。日本側の船の数が圧倒的であり、アメリカ側も八隻の船を失ったにもかかわらず、アメリカ軍は日本の戦闘部隊と補給部隊を元の基地まで追い返したのだ。この戦闘の後、フレッチャーは東進し、ニューヘブリディーズ諸島にあるエスピリツサントまで行って補給と再武装を行っている。


十一月三十日には巡洋艦と駆逐艦からなる第六十七機動部隊と共に、日本軍がガダルカナルを確保するために船で支援部隊を投入しようとするのを妨害する任務についている。フレッチャーはレンゴ水道から鉄底海峡までのアメリカ軍の西進をリードしており、ガダルカナルの北部沿岸の西側突端に近づいていた。フレッチャーは平面位置表示器（プラン・ポジション・インディケーター、ＰＰＩ）の装備された最新式のレーダー装置を有利に使い、真夜中直前に日本の艦隊をタサファロンガ（ルンガ沖）で一番先に捕捉しており、これを攻撃するように戦術部隊の指揮官であったカールトン・ライト（Carleton Wright）少将に報告している。ライトはフレッチャーが持つ最新式のレーダーを使うことをためらっていたために、逆に日本側に主導権を握られてしまい、貴重なチャンスを逃している。この戦闘ではアメリカ側の魚雷の信管や水深調整機能がうまく作動せず、日本側の船に魚雷を全く命中させることができずに、逆に砲撃で一隻沈められている。結局日本側はアメリカ側の船を一隻沈め、三隻に大きな損害を与えている（訳註：ルンガ沖夜戦）。ガダルカナル沖のこの二つの戦闘で、ワイリーはフレッチャーの高官として「交戦中に勇壮で勇猛果敢な行動をした」功績から銀星勲章を授与されている。表彰状には「正確な判断と迅速な臨機応変の対応により、ワイリー少佐は自分の船、大砲、そして魚雷を統制して抜群の成功を収め、敵の二隻の巡洋艦に大きな損害を与え、三隻目を沈めた……」と記されている。

この一連の戦闘中、艦橋甲板室のやや後方にあって地表探索レーダーを操作していたワイリーの勤務室は、まさに船のチャート／図面室となっていた。ワイリーは攻撃を行う際に砲撃と魚雷をレーダーと効果的に組み合わせるために艦長がどのような情報を欲しがっているのかを新人のレーダー操作官よりも熟知していたため、艦橋の司令室とチャート／図面室の間の窓越しに艦長に直接話ができるようにしたのだ。レーダースコープを覗きながら、ワイリーは砲撃手と魚雷発射手の両方につながっている音響式の電話を使っており、手元には船舶間の短距離連絡用の無線機のマイクを備え付けている。これらは現在からは考えられないような応急処置的な設置だったが、ある歴史家によれば、「これによってワイリーはまだその名前が発明される以前から、一人で海軍初の戦闘情報センター（ＣＩＣ）そのものの機能を果たすことになった」のである(6)。

一九四三年の一月に、ワイリーは初の艦長として、第一次世界大戦の時に使われた平甲板の駆逐艦で、後に改良されて高速の機雷掃海艇になったトレヴァー（ＤＭＳ-16）に配属されている。トレヴァーは、後のソロモン諸島における行動で海軍から表彰を受けている。この当時はまだあまり機雷掃海作業を行う必要がなく、トレヴァーはもっぱらガダルカナルからスロット水道までゴムボートを使った夜間の隠密上陸作戦を行う部隊を運搬する任務に従事していた。

艦長としてたった六ヶ月間勤務した後、ワイリーはある日突然に太平洋艦隊の駆逐艦部隊の司令官であるティスデイル（M. S. Tisdale）少将配下のスタッフとしてハワイの真珠湾にある太平洋艦隊司令部に配属を命じられた。ワイリーは艦長としての勤務期間があまりにも短かったことに腹を立てており、ティスデイルはワイリーに対して将来艦長として任命することを約束しているが、それでも艦隊司令部への任務のほうが重要であることを必死に説明している。ティスデイルは、情報を把握・分析して船舶の活動に利用できるような高官の必要性が、最近の情報量の急激な増加によって高まっていると感じていた。ガダルカナル戦におけるフレッチャーの戦果報告を読んで感銘を受けていた真珠湾の司令部のスタッフたちは、ワイリーこそがこの状況を迅速に分析してくれる最適な人物だと考えていたのだ。真珠湾の司令部では、レーダーや潜水艦のソナーによって集められた情報だけではなく、上空や地上の偵察情報や電波、暗号解読などの諜報、それに基本的な航行・航空データなどの情報を処理する必要にも迫られていた。

その頃、同じような問題に直面していたケレブ・B・ラニング（Caleb B. Laning）中佐、エドワード・デイ（Edward Day）少佐、ジョージ・フィリップス（George Phillips）少佐、そしてロバート・ブックマン（Robert E. Bookman）中尉などの他の士官たちと共に、ワイリーは短いハンドブックを作成することになり、それから二ヶ月もしないうちに『駆逐艦のためのＣＩＣハンドブック』を完成させている。真珠湾に滞在していた駆逐艦の母艦内では、最初に太平洋艦隊のすべての駆逐艦とその乗組員に配るために、このハンドブックが五〇〇部印刷されている。この本は配布直後から評判になり、すぐに増刷して全海軍に配られることになった。

ワイリーとその同僚たちが発展させた基本的なコンセプトは、ただ単に「船内に大量の情報を扱うためのスペースと機器を設置する」というものではなかった。彼らの本来のコンセプトには、データを最も効率よく活用できるような機器とその配置などのアイディアが含まれていたのだ。ここで考案されたプランは基本的にどの船にでも適用させることができるもので、具体的には仮想的な四角い区画が一つの単位となっているものであった。その四角の区画は、船の舳先側と船尾側の半分に分かれており、右舷側が航空関連の情報、左舷は地表や海中の情報を管理していた。さらに彼らはこの区画を船の前後にも区切っており、前方には「歴史」部門を置き、これは現在以外の過去の情報を処理するところで、「現在の状況」部門は船の後方の区画で処理することになっていた。

この基本的なコンセプトを使い、駆逐艦部隊の士官たちは地表探査レーダーを現在の状況を処理する左舷の後方に配置し、潜水艦探査のソナー用コンソールも同様にそこに配置することを提案した。左舷の前方には船の航路と目標の存在を示す推測航法追跡装置（the Dead Reckoning Tracer）を配備している。右舷の「現在の状況」を処理する船尾側には航空機探索用レーダーを設置し、前方の「過去のデータ」を処理する場所には位置記入板を配置している。彼らはこれらを統括する要員のことを「分析官（evaluator）」と名づけている。この要員は二つのレーダーの間のソナー操作板に手が届く場所に座り、ここからは両方のレーダースクリーンと、地表と空の両方の位置記入板を見ることができるのだ。

　これらの配置の基本的なアイディアを示した後、ワイリーと彼の同僚たちは、この装置を操作し、位置記入板への記入を行い、無線や音響通話装置などを動かす組織人員の訓練についても取り組んでいる。太平洋艦隊所属の駆逐艦部隊の士官たちはこの新しい情報管理センターを「戦闘作戦センター（the Combat Operations Center）」と名づけるつもりだった。ところがこの名前は、駆逐艦の艦長が、ただ艦橋に座っているだけの窓際族的な役割しかないような印象を与えかねないものであったため、艦長たちの間で不評になり、結局は「戦闘情報センター」（the Combat Information Center: CIC）という名前が海軍で使われることになった。

　ＣＩＣのハンドブックが完成すると、ティスデイル少将はワシントンにある船舶局に、ワイリーと大西洋艦隊の駆逐艦部隊の司令官であるデヨ（M. L. Deyo）少将を派遣して、このハンドブックへの支持を集めるよう命じている。アメリカ海軍の総合司令官たちの部下として働く士官たちの中からはやや反発が出たものの、デヨ自身はこのハンドブックの内容を支持しており、他にも二人の司令官たちがこの本を海軍の必読書にすることに合意している。船舶局は戦隊艦長の勤務室をＣＩＣに変更することを了承し、その代わりに艦長はプルマン式の寝室付きの個室を与えられることになった。

　その後、ワイリーは太平洋に戻ることになり、一九四三年の晩夏にエスピリッツサントに行き、新しく就航する予定だった駆逐艦の乗組員に対し、戦闘教義教化学校で教え始めた。この学校は「ココナッツ・カレッジ」と呼ばれていたが、その理由はこの学校がアオレ島のココナツ林の中にあり、しかも正式な学校というわけではなかったからである。この学校は、最近戦闘に参加していて、しかも士官に教えるだけの高い能力を持ち、ＰＰＩレーダースコープを利用して戦闘中に情報の管理をした経験のある五、六人ほどの下士官たちによって教えられていた。ここで最も困難だったのは、海軍が導入する可能性のある新しいＰＰＩレーダースコープを効果的に使う方法を教えることではなく、むしろ生徒たちに今まで染み込んでいた考え方のパターンを捨てさせ、船を情報板の中央に置いて相対的な動きの中で考えることを教えることにあった。

一九四三年の十二月にワイリーは太平洋からカーニーに戻り、まだ建造中だった駆逐艦であるオルト（ＤＤ-698）の艦長となった。ワイリーはこの建造所でリードやブリストル、フレッチャーなどを何度か修理した経験もあり、長期間ここで船の完成を待っている間に建造所の建設員たちと個人的に親しくなっており、この中の何人かはここの管理職になっていたため、この船の品質向上によい影響を及ぼすことができたのである。

オルトは一九四四年の五月三十一日に就航しており、ワイリーはこの船の慣らし航海をした後、この船と共に再び太平洋へ戻っている。オルトは第六十二駆逐艦部隊の旗艦だったのだが、一九四四年の末には第三十八支隊に合流するために、ハワイの真珠湾から出発して、一九四五年の一月から戦闘作戦に参加している。オルトは通信電波の傍受や敵航空機の監視、艦砲射撃などの任務をこなし、一月の三日～四日、九日、十五日、そして二十一日に行われた台湾侵攻、一月十二日と十六日に行われた中国沿岸侵攻、一月二十二日の南西諸島侵攻、二月十五日から三月五日までの硫黄島作戦、二月二十五日から三月一日にかけての第五艦隊の本州と南西諸島侵攻、そして三月十七日から五月三十日までの沖縄侵攻作戦などに参加している。オルトは二月中旬から三月はじめに行われた空母からの最初の東京の空襲に関した作戦で、空爆から帰還してきた爆撃機を追いかけてくる日本側の航空機を艦隊の最前線で排除する、いわゆる「シラミつぶし作戦」用の駆逐艦として参加している。

ワイリーはこの年の七月にはオルトの指揮を離れ、ワシントンにおいてアメリカ海軍司令官のスタッフの中にある特別防衛部門で、アーレイ・バーク（Arleigh Burke）提督に報告書を提出する任務についている。このバーク指揮下のグループは、来るべき九州と本州の侵攻に備えて、日本の神風特攻隊の攻撃への対抗策を練ることが主な任務であった。しかし戦争はこのグループが活動を始める前の八月に終了してしまったために、この計画自体も立ち消えになっている。

アメリカ軍の総引き上げの最中に、ワイリーは海軍研究所調査室の特別プロジェクト官という任務についている。ロードアイランド州ジェームスタウンのビーバートレイルに本拠を置いて、ワイリーはジョンズホプキンズ大学からの実験心理学者たちや、その大学の下請け機関である学者たちのグループを率いて、海軍士官たちが複雑な機械を最も効率よく統制管理して利用できるような仕組みを作り上げる任務についていた。最終的にワイリーたちは、飛行機の操縦席やその他の重要なコントロールの場を設計する際に利用できるようなハンドブックを作成している。この「ヒューマン・エンジニアリング」についての本は、人間と機械のお互いの関係をテクノロジー面から研究する、現在で言う「人間工学」（ergonomics）の先駆けであった。

ワイリーは一九四八年の六月に海軍大学へ研究生として戻り、「戦略と戦術」のコースを受けている。学年度の終了間際のある時、ワイリーは五、六人の同僚たちと一緒に米軍全体の指揮統一化の動きの中における海軍の状況について議論をしたことがある。この時に全員が同意したのは、海軍がこの統一の中で埋もれてしまうことを防ぐために最も必要とされているのは「海軍の存在意義をハッキリと簡潔に理解することにある」ということであった。彼らは全員、海軍のリーダー達が海軍の役割というものを充分に表明していないことを感じとっていたのだ。彼らは議論の最後に、誰か自分たちの中で最初に再び海軍大学に戻ってきた者が、現代の海軍の存在意義について研究を始めることを誓い合って別れている。

一九四九年にワイリーがサンディエゴを母港とする駆逐艦第一小艦隊の司令官であるジョン・ヒギンス（John Higgins）少将の下で士官として勤務するために海軍基地のあるニューポートを離れた直後に、リチャード・コノリー（Richard L. Conolly）少将は海軍大学の学長になるよう任命されている。彼は一九二九年から三一年にかけてニューポートの学生で後に教員になり、第二次世界大戦における駆逐艦部隊や上陸作戦を指揮するなど、海上での実務経験が豊富であり、大戦後は海軍司令官下の作戦担当部門の副部長として勤務していた。彼は一九四六年からロンドンに駐在して、大西洋東部と地中海のアメリカ海軍の総合司令官を務めている。コノリーは海軍戦略に関して独自の強い意見を持っており、これを新たに発展させることが必要であることをハッキリと意識していたのだ(7)。

ちょうど朝鮮戦争が始まった一九五〇年の夏頃、ワイリーは偶然にも海軍大学に戻ることになり、戦略とシーパワーについての上級コースを教えるよう命令を受けている。一九五〇年の十二月にコノリーがニューポートの海軍大学に赴任した数週間後、ワイリーはコノリーと長時間会話を交わす機会があり、海軍の存在意義について研究するというアイディアを彼に提案している。このアイディアはコノリーの考えと一致するところが多く、コノリーは即座にこの研究をする機関の名前を思いついた。これが「戦略及びシーパワーのための上級研究院」(The School of Advanced Study in Strategy and Sea Power) である。これはコノリーが海軍大学の学長に就任してから一番初めに行うことになったカリキュラム内容の変更であった。

コノリーは一九五一年の五月一日付けで、海軍の参謀長であったフォレスト・シャーマン (Forrest Sherman) 中将宛にカリキュラム変更提案を申請する手紙を書いている。コノリーはワイリーのアイディアを多く引用しつつ、海軍大学がいかに大事なのかということまで論じている。コノリーは、「海軍大学の主な役割は、当然のように将来の海軍を担う士官たちに、指揮、戦略、戦術、兵站、そしてスタッフワークなどを教えることにあるのですが、しかしその他にも自らの分野の教育における革新的なアイディアや創造的な考えを生み出し、知識の蓄積を管理し、〈海戦のアートとサイエンス〉における基本的な要因の理解を促進しなければ、その使命は達成されたとは言えないのです」と書いている。コノリーは、これを達成するためには調査分析部門や上級研究院の設立が必要だと提案している。海軍の中には「社会・物理科学の諸問題に対する研究を導き出すような秩序ある理論的な知識過程に対する、発達した大人の理解」を得る場が全くないことを指摘しつつ、海軍職の理解の欠如と、理論的な研究のほぼ全般的な不足が近年ハッキリと見られるようになったことを主張している。このような彼の見解は以下の言葉に集約されている。

……現在の海軍士官である我々は、優秀な船乗りと有能な飛行機乗りの集団であると同時に、敏腕な行政官であり、超一流の戦術家であり、技術者なのです。しかし国家が大きな必要性に迫られるようになる前に、海軍の役割を忘却から救うために議会を説得したり国民を納得させたりすることができた人物はほとんどいないのです。我々の職務や、全く変わることのないシーパワーの重要性というものに対する我々の理解は、危険なほど表層的で初歩的なのです(8)。

この提案書の中で、コノリーとワイリーは、歴史知識の重要性というものを強調している。特にワイリーは、レイモンド・スプルーアンス(Raymond Spruance)中将が数年前に提案した、軍以外の学者によって海軍大学に歴史部門を創設するというアイディアを再び強調している。この提案は一九四八年に海軍長官によって認可されていたが、予算の都合が付かず、そのまま放置されていた。ワイリーは戦略を広範囲にわたって理解するためには歴史の知識が重要であることを感じており、コノリーはワイリーのこの考えを手紙に書いて海軍の参謀長に送っている。

我々は今まで何度か「歴史から学ぶ」という当たり前の言葉を述べたり、それに同意したりしたことがあったはずです。しかし我々のほとんどは、そもそも歴史を知らないのです。なぜならまずそれを知るだけの時間がないし、日常的な忙しさに追われて歴史を学ぼうとするきっかけがないからです。我々の中で、軍事史には三つのタイプの知識があることを知っている人もほとんどおりません。一つ目は、単にどのような出来事が起こったのかという知識で、二つ目がどのように戦ったのかという知識、そして（見落とされがちな）三つ目が、軍事の成功や失敗、勝利や敗北を生み出した多くの要素を、分析・評価したり、状況を適切に分析したりするためにはどのように考えればいいのか、という知識です。

この点を強調しつつ、コノリーは、「これと関連したことで、ここで記されておかなければならないのは、我々が必要としている歴史というのは広大な年表の中のほんの一面だけにも関わらず、実際のところはそれらもそれほど知られておらず、ほとんど理解されていないものばかりなのです」と書いている(9)。

ワイリーは、コノリーの命名したコースの名前が他のコースのものよりも重要だという印象を与えそうだったためにやや不満だったのだが、それでも黙ってそれに従っている。一九五一年の七月に海軍の参謀長はコノリーの提案を了承し、その執行責任はワイリー自身が負うことになった(10)。ワイリーの要請によって、後に『醜いアメリカ人』（*The Ugly American*）という小説の共著者となったユージン・バーディック（Eugene Burdick）少佐が、彼のアシスタントとして働くことになった。彼らは共同で新しいコースの基礎づくりを行っている(11)。この過程で彼らは何人もの大学教授に相談し、この中にはプリンストン大学のハロルド・スプラウト（Harold Sprout）、同大学高等研究所のエドワード・アール（Edward M. Earle）、ブルッキングス研究所のウイリアム・レイツェル（William Reitzel）、ハーヴァード大学のロバート・アルビオン（Robert G. Albion）、そして、ウィリアム・カレッジのジェームス・フィニー・バクスター（James Phinney Baxter）などが含まれていた。この全員が有益なアドバイスを与えてくれたのだが、ワイリーが後で振り返ってみて最も大きな影響を受けたと感じたのが、高等研究所のジョン・フォン・ノイマン（John Von Neumann）と、イェール大学のハロルド・ラスウェル（Harold Lasswell）の二人だった。

ワイリーはこれらの相談で得た知識を、学生用のコースではなくて、むしろ研究グループ用のコースを作る際に活用している。このコースの最初の部分での狙いは、参加者たちが行うリサーチや研究、そして基礎知識の増加などのために準備させることにあった。

一九五一年の秋に最初の八人の士官たちが到着すると、ワイリーのアシスタントであったバーディックは、さっそく方法論の研究のためのコースを教え始めている。このコースは、具体的には哲学や論理（ロジック）のいくつかの基本コンセプトの理解を深めることを狙っていた。

このコースと並行して、イェール大学のトーマス・メンデンホール（Thomas C. Mendenhall）教授による一五〇〇年から一九〇〇年までの海軍史の授業が、非常勤の形で行われている。このコースの目的は通常の年表の流れにそった歴史を学ぶことではなく、政治、社会、経済、そして文化面など、その他の人間の活動に海で起こっていた出来事とどのような関係があるのかを検証するものであった。メンデンホールはこのコースの締めくくりとして、現代のシーパワーの役割をこれまでの授業で習ったことを元にして定義させるという、二日間にわたるセミナーを開催している。これによってメンデンホールは海軍大学で海軍史を教えた初めての教授となり、次年度からはパモナカレッジのジョン・ケンブル（John H. Kemble）教授がこの仕事を引き継いでいる。彼はアーネスト・キング記念海軍史教授というポストを得た一九五三年から、この大学初の常勤の教授となっている。これと同時に、海軍大学はチェスター・ニミッツ記念社会政治哲学教授というポストも設立しており、これらはいずれも海軍以外の教授や研究者のために用意されたポストであった。

ワイリーの教えていたグループの参加者たちは、毎週ある一つのテーマについて小論文を書き、招待されたゲストが参加できるセミナーの会合の中で自分の書いたこの小論文について議論することを課題としていた。このゲストには、コノリー中将や、退役したヘンリー・エクレス（Henry E. Eccles）少将などの海軍大学の教員などの他、外部からはバジル・リデルハート（Basil H. Liddell Hart）大尉やハーバート・ロジンスキー（Herbert Rosinski）博士、ダートマスカレッジのジョン・マスランド（John Masland）教授、そして一九五六年にドイツ連邦海軍の最初の長官となったフレデリック・ルーグ（Friedrich Ruge）中将などが招かれている。

ワイリーはこのコースの研究が行われていた最初の年に、この研究と関連した自分の論文をいくつか発表している。まず『太平洋戦線を振り返って』(*Refrection on the War in the Pacific*) という論文は、彼が同僚たちと海軍戦略の歴史的文脈を検証していた一九五一年の十一月に、彼が講義するために発表したものである。これは彼が最も興味を持っていたテーマであり、単に個人的な体験を振り返るということを越えたものだった。ワイリーはこの戦争における七つの出来事を取り上げて、これらを未来の戦略の実践の際に役立つものになるように検証している。海軍大学で彼が行った理論と論理についての議論は、戦略の有用性を考えさせるきっかけになったという意味では、ワイリーにとって後に『戦略論の原点』を書くための基盤を与えたということにもなるのだ。

ここで最も重要なのは、ワイリーが一九五一年の春にハーバート・ロジンスキー博士と話をしている時に提案されたアイディアを発展させたことであろう。この時にロジンスキーは「直接的」と「累積的」という二つのタイプの戦略を区別しようとしている。ワイリーはこのロジンスキーのアイディアをさらに発展させ、これらを「順次的」と「累積的」戦略として分類している。これらのアイディアは後の彼の著作の中で重要な位置を占めることになる(12)。ワイリーはこの論文を米国海軍研究所（the Naval Institute）に提出し、この年の懸賞論文で選外佳作として当選し、この研究所が発行しているプロシーディングス（*Proceedings*）という雑誌の翌年の四月号に掲載されている。

この論文の後、ワイリーはコースを教えた最初の年の終わり頃に、海洋戦略についての考えをまとめ始めている。彼は例の研究グループで議論され、その後の一九五二年の九月十一日と十二日に海軍大学で行った講義として発表したものを、一つの論文としてまとめた。これもまた海軍研究所に提出されることになり、再び選外佳作に当選して『海洋戦略について』（*On Maritime Strategy*）という題名でプロシーディングス誌に掲載されている。ワイリーは研究の一年目の成果をハッキリと見せつつ、理論、過去の経験、現在の要素との絡み、そして現代の軍事力とシーパワーの有用性などの面から、自らのテーマを追求していったのだ。彼の海軍戦略のアイディアは『戦略論の原点』の中でも簡単にまとめて触れられており、この論文がその基礎にあることがよくわかる(13)。ここで最も重要なのは、ワイリーが「戦争の目的はコントロールにある」というアイディアに焦点を当てていたことだ。彼は海洋理論、陸上理論、航空理論のように、軍隊の種類ごとに戦略を別々に考えるのはただ便宜上として行っているのであり、このような区別は研究と分析のためだけに必要なのだと論じている。その証拠に、彼は「実践段階においては、それらの理論はお互いに重なりあっていたり同化したりするものなのだ」と書いている。この論文の最も重要な箇所は、「シーパワーの目的は陸上の出来事をコントロールする」というアイディアを発展させているところである。ワイリーはこれを行うためには二つのやり方があると記している。

一つ目が、シーパワー国家が、海軍の力を使って地上の（小規模な場合が多いが、それでも戦略的には決定的な）敵の陸軍を打ち負かして勝利し、陸上のコントロールを確実にする方法。そしてもう一つが、シーパワー国家が敵の支配する領土を統治するという最終目標に向かって海軍の力を活かした経済的な強制力を使う方法である。

ワイリーはこれに続いて、「これを実践する際に憶えておかなければならないのは、シーパワーの効果というのは、全般的にゆっくりとした流れの変化と、いくつかの決定的な動きが組み合わさったものとして出るということである。たしかに後者は目立つだけに、前者の存在を忘れて我々の注意を引きやすいものである。しかし実際のところはこの長ったらしく持続的にネジを締めるような作業がなければ、そのような決定的な動きが実現しないのだ」と記している。

このコースの二年目に、参加者たちは各自選んだテーマについてリサーチをして、セミナーで自分たちの研究結果を徹底的に論じるという作業を行っている。この頃になると、生徒たちは研究成果を何らかの形で残すことを考えるようになった。彼らは自分の部下たちには、わざわざ時間を作って軍事専門書や学術書などの中の理論を読んで熟慮するような者がほとんどいないことは充分わかってはいたのだが、それでも彼らは部下の海軍士官たちが上官の命令を聞き、作戦命令書を注意深く読むことだけは知っていた。よって、このグループでは部下たちにアイディアを最も広く伝える最も良い方法は、ワシントンの上官が行うスピーチを自分たちで書き、作戦計画や基本的な艦隊への命令書に自分たちの考案したフレーズや言葉などを使ってもらうことだと判断したのだ。その結果、ワイリーと彼の研究グループが発展させたアイディアの多くは、一九五〇年代から六〇年代にかけて海軍以外の軍事組織や階級などを全て越えて広く普及するようになり、政府内のスピーチライターや作戦計画の際にまで使われることになった。

この研究が進行している間に、ワイリーは戦略を論じる際に使う専門用語に注意することを主張した小論文を書いている。このきっかけは、ワイリーの研究グループが二年目を終了しようとしていた一九五三年の春、海軍は議会の予算編成会議で苦戦していたのだが、その時に陸軍側の士官たちが議員からの難しい質問に対する返答の際に使っていた最も効果的な言葉が「下院議員氏、それは計算されたリスク (a calculated risk) です」というものだったというエピソードだ。もちろんこの言葉の意味を知っていたものは誰もいなかったし、下院議会の中ではよくリスクを計算せずにあえてギャンブルをして、わざわざ陸軍幹部にこの言葉の意味を質問しようという勇気を持っている議員もいなかったのだが、ワイリーはこれをからかうように、プロシーディングスのたった一頁だけの記事の中で、真面目にこの「計算されたリスク」の仕組みを解き明かしている。

この計算によって決定された政策の正しさが証明されることになると、その勝者となった人には「天才」もしくは「秀才」という名に加えて、「優れた知的ひらめき」という素晴らしい名誉が加えられることになる。逆にこの計算を注意深く行っていたにもかかわらず想定外の出来事によって不幸にも敗者となってしまった人には、「堂々とした弁明のチャンス」が与えられることになるのだ（訳注：なぜならすでにこの敗者は、ある程度のリスクをすでに計算していたから）。この計算を周りで批判していた人々も、政策の結果が出たあとには、この計算をやり直す作業の方に熱中してしまうものであり、外野で見ている観客たちはすぐにこの作業に飽き飽きしてしまうのだ。元々敗者側の決定を支持していた人々は以前は自分たちも敗者側と同じ意見だったために、失敗に対して文句は言わないのだ(14)。

ウォルター・ミリス（Walter Millis）というコメンテーターは、同年の夏にワイリーのこの記事の内容を取り上げて、ニューヨーク・ヘラルド・トリビューン紙にコラムを書いている。何年か後にワイリーは一連の出来事について、「結局のところ、それから最低五年くらいは、誰も議会で〈計算されたリスク〉という言葉を口にしなくなりました。そういう意味では私の書いた短い記事は目的を達成したと言えるでしょう」と述べている。一九五三年の夏に海軍大学を去る前に、ワイリーは自分が設立にかかわったコースの全体像を振り返りつつ、このコースの将来のために提案を行っているのだが、その中には彼の考えを形成してきた重要な点を述べたものがある。

大陸戦略、海洋戦略、航空戦略などの理論を再発見するよりも、これらの理論を戦略研究の問題を理解するための出発点として利用するほうがよい。春学期には、すでに知られている他の研究方法や、いわゆる「原則」と呼ばれるもの、状況分析、「累積」や「順次」などのような他の理論の分類の仕方、学説的なアプローチ、そして我々の目指す理解に向かっての手段として（奇妙ではあるがかなり普及している）信仰（faith）と浸透（osmosis）を組み合わせたやり方など、様々な分析戦略を導入すべきである(15)。

そしてワイリーはこの提案の締めくくりの言葉として、

私はこのような性格の研究が、国家に対する国家の貢献を引き続き拡大していくための最も重要な使命であることを、これ以上強調することはできない。我々はアメリカの技術面や工業面での強さやその反映としての海軍の技術面での優位についてもかなりの信頼をおくことができる。我々がいつ、どこで、どのようにこれらの先進技術が応用できるのかをさらに深く理解しようとすれば、我々は海軍以外の軍事組織にたずねることはできないのだ。我々海軍の職務を最も深く理解しているのは、我々自身だけだからである(16)。

一九五三年の七月、ワイリーは揚陸艦アーネブ（AKA-56）の艦長となった。彼がこの船を指揮して海上勤務している際に書いたものは、その十四年後に出版されることになった『戦略論の原点』という本の土台となっている。ワイリーは一九五四年に第二上陸部隊の司令官であるページ・スミス（H. Page Smith）少将指揮下の士官となり、後に彼の主席補佐官となっている。翌年には海軍作戦参謀本部で働くことを命じられ、このワシントン滞在中に彼は海軍が予算を政府に要請する過程を目の当たりにすることになり、海軍の高官たちが自分たちの軍の役割を必死に政府に説明している場を観察するチャンスを得たのだ。陸軍や空軍などの他の軍事組織の高官たちの様子や議論を聞いた時、ワイリーは海軍が他の組織とは異なる考え方をしていることに気がついた。彼はここで気がついたことをプロシーディングス誌に『なぜ水兵は水兵のように考えるのか』という題名で寄稿している(17)。一九五八年の十月にワイリーは重巡洋艦メーコン（CA-132）の艦長となったが、この船を指揮したことは、ワイリーの海軍士官としてのキャリアの中でも最も華々しいものとなった。ワイリーはメーコンを率いてセントローレンス水路の開門式に参加しており、それから五大湖を経てシカゴまで行き、このような巡洋艦でこの地域を運行した最初（でおそらく最後）のケースとなったのだ。ワイリーは後に、「メーコンほどの大きさの船をアメリカ大陸の半分を横断するような距離まで航行させるのは、おそらくどの巡洋艦の艦長にとっても最も骨の折れる大変な経験だったはずです」と書いている(18)。

この後の一九五九年の十一月から一九六〇年の十二月まで、ワイリーは大西洋艦隊の最高司令官であるロバート・デニソン（Robert L. Dennison）中将のスタッフとして勤務している。この間にワイリーは少将に昇格しており、十二月一日に第三巡洋艦部隊（後に第九小型艦隊に改称）の司令官を務めている。一九六一年の十一月には海軍の副監査官に任命されており、統合参謀本部の統合戦略調査委員会に入ることになった一九六二年の八月まで、この役についている。一九六二年から一九六四年の間まで続いたこの任務のおかげで、ワイリーは統合作戦褒章勲章を授与された。

一九七四年の七月に、ワイリーは大西洋艦隊の総司令官であるスミス中将下の副補佐官と副作戦計画部長を務めている。彼は、「一九六五年四月と五月に起こったドミニカ共和国危機における〈パワーパック作戦〉において優秀な手柄を収め、ドミニカ共和国に対して統合作戦の迅速かつ決定的な計画と実行を行い、アメリカの国益にとっても最も大切な大西洋艦隊総司令官を支えるという大きな役割を果たした」功績によって勲功章（the Legion of Merit）を授与されている。

一九六六年の三月には、ワイリーはヨーロッパの米国海軍の副司令官と、ヨーロッパ米国海軍の総司令官であるジェームス・サック（James S. Thach）中将の主席補佐官を兼務している。『戦略論の原点』がラトガーズ大学出版から発売されたのは、ちょうどこの頃である。

ロンドンで任務を終えたワイリーは、海軍大学学長のジョン・ヘイワード（John T. Hayward）中将の主席補佐官を命じられ、それを一年間務めた後に、ロードアイランド州ニューポートにある海軍基地の総司令官になっている。その三ヶ月後に彼はマサチューセッツ州ボストンに司令部がある第一海洋区域の総司令官も引き受けており、さらにはボストンの海軍基地の総司令官も引き受けている。

ワイリー少将は四十四年間の勤務の後、一九七二年の七月一日付けで海軍を退役している。

退役の際に彼は第一海洋区域の司令官としてその功績を称えられて二つ目の勲功章の代わりに金星章（Gold Star）を授与されている。

一九七四年には、ソ連海軍の総司令官であるセルゲイ・ゴルシュコフ（Sergei Gorshkov）海軍大将が一九七二年にモルスコイ・スボルニク誌に書いた一連の記事が英訳され、それがプロシーディングス誌に毎月掲載されるようになり、ワイリーはそれについて海軍研究所に招かれてコメントを求められた十一人の著名な米国海軍関係者のうちの一人であった。ワイリーは「第二次世界大戦の海軍についての分析」というゴルシュコフの記事についてコメントを求められ、「我々は彼らがどのような考え方をしているのかを垣間見ることができた。我々はこれを活用しないわけにはいかない」と述べている(19)。

退役すると同時に、ワイリーは妻と共にロードアイランド州のポーツマスに移っている。ワイリーは退役後もいろいろと活動を始めており、まずは歴史的な経緯から戦略を分析する仕事を始めている。その他にも、彼は一九七六年に設立されたコンスティテューション号博物館財団の初代代表になっており、この財団は一八三二年に建設されたボストンの海軍造船所のドライドックの中の修復された機械室にできた博物館を支援する目的で作られている。

彼は同時に、一九七二年の秋にアメリカ航海訓練協会（the American Sail Training Association）の初代委員長にも就任しており、この団体はアメリカ独立二百周年を祝うことも兼ねて、一九七六年の六月にバミューダからロードアイランド州のニューポートまで一〇二艘の訓練船を競争させている。一九七〇年代の後半までに彼はこのような活動から身を引いているが、それでもニューヨーク・ヨットクラブやアイダ・ルイス・ヨットクラブ、海軍航海協会、沿岸航行者のためのハーバー海軍ヨットクラブ、ニューポート・リーディングルーム、そして十五人クラブなどの現役メンバーとして在籍している。

ワイリーは『戦略論の原点』を一九五三年に揚陸艦アーネブを指揮している時に書いたのだが、一九六六年まで出版社に原稿を渡していない。それまでの間、ワイリーはこの本にいろいろと手を加えたり書き直したりしており、最後には『戦略思考』(*The Military Mind*)という題名をつけて、その当時、軍事関連の本を数多く出版していたラトガーズ大学出版に提出している。当時この本の担当だった編集者は、この本が図書館で見つけられやすいように気を使って、後に題名を『戦略論の原点』に代えている。

一九六七年の四月十七日、ラトガーズ大学出版はこの一一一頁の『戦略論の原点』を二五〇〇部刷っており、それを一部四ドルで発売している。図書館ジャーナル誌は、「短い割に値段はやや高いが、それでもこの本の扱っているトピックは、今日の不安定な世界と、それに関するワイリー少将の思慮深い議論のおかげで、一般や学術機関の図書館に収められなければならない必読書となっている」と推薦している(20)。

ニューヨークタイムズのブックレビュー誌では、防衛関連書籍担当のハンソン・バルドウィン(**Hanson Baldwin**)が以下のように記している。

どの軍事機関も、自分たちの組織が持つアイディアを常に再検証したり、自己分析したりできなければ、長期間にわたってその強さを保つことができない。海軍内では名が知られているワイリーは、そういう意味ではスッキリするほど歯に衣着せぬ発言をする思慮深い人物であり、航海と同じくらい議論も得意である。彼は戦略の議論を整理することを狙った、シンプルだがとても内容の濃い著作を生み出したのだ(21)。

本が出版されて間もなく、ヘンリー・エクレス少将は、ワイリーの議論の要点をまとめた書評を書いている。エクレスは、「海軍大学やその他の任務などにおいても、ワイリーは他の人が陥りやすい日常的な考えや思い込みなどを打ち破る豊かな想像力と独自の発想を発揮しており、短いながらも思慮深く創意に富んだこの本は、海軍の高官という激務を献身的にこなす中で生み出すことができた、彼の記念碑的な作品である」と記している(22)。また、エクレスはワイリーが順次戦略と累積戦略という区別の仕方を発展させる上で、ハーバート・ロジンスキー博士の果たした役割が大きいことを指摘している。興味深いことに、エクレスはワイリーの本がアンドレ・ボーフル（André Beaufre）の『戦略入門』(*Introduction to Strategy*) と似ていることを指摘している。実際のところはワイリーのもののほうが早く書かれているのだが、エクレスはこの二冊の本の間に「それほど表面に出てはいないが、戦闘の指揮という厳しい実践経験と、しっかりとした高レベルの計画性、生得的な学問的味付け、感受性と洞察力のある優れた思考、そして月並みの出来栄えには満足しない態度などの組み合わせによって自然に生み出された」思想の調和が見られるとしている(23)。

一九六八年にワイリーがジョン・ヘイワード（John T. Hayward）中将の主席補佐官として海軍大学に任命されたことも、その他の書評でも興味深く触れられている。これらの書評の中で最も目立つのはウォールストリート・ジャーナル紙のニール・ウルマン（Neil Ulman）によるものである(24)。ウルマンは、「今まで戦争に関してここまで大胆に言い切った著作はなく、本書は戦略思考の素晴らしい入門書であり、とにかく思想家の道具として生み出されたものとしてはとても魅力的である」と書いている。「特定の軍事機構のために作られたような戦略理論は逆に軍事機関同士の理解の障害を作り出す」というワイリーの主張を強調しつつ、ウルマンはワイリーの総合理論が「大まかな戦略であるが、ワイリー中将の議論が戦略家たちの今までの視野の狭い見解をもっと広く柔軟なアプローチへと切り離してくれるのなら、もう一冊の別の本でこの戦略を発展させてみるだけの価値は充分ある」と記している。この書評の結論として、ウルマンはワイリーが「戦略思想の基礎から余計なものを取り除き、戦略家たちの考えに論理的な出発点を与えた」と書いている。

戦略理論の研究家の間でも、ワイリーの本は有名になっている。一九七〇年までにラトガーズ大学出版は初版を売り切っており、一九七〇年、七二年、七七年にそれぞれ一五〇〇部ずつ増刷している。一九七八年には、アルゼンチンのブエノス・アイレスにある海戦研究所（エスクエラ・デ・ゲラ・ナヴァル）がスペイン語版を出版している。ラトガーズ大学は一九八〇年にハードカバー版の出版権をグリーンウッドプレス社、そして一九八七年にはシドニーのオーストラリア海軍研究所にペーパーバック版の権利を売却している。

オーストラリア版の出版に寄せて、グリニッジにあるイギリス王立海軍大学のピーター・ネイラー（Peter Nailor）教授は、本書は一九六七年に初版が出ているのだが、不幸なことに、内容の高さに見合うだけの高い注目を浴びていない。アメリカの戦略関係者たちは戦略の総合理論よりももっと特定的な問題に没頭していたし、この議論の奥の深さ――そしておそらくその簡潔さのおかげで――世間一般の注目を集めることができなかったのだろう。しかしそれでも本書は多くの長所を持っており、今日でもこの価値は変わっておらず、ワイリーのプロ意識と明快さを思い起こさせてくれるものなのだ。

たしかに防衛関係者の間では本書は広い注目を浴びたわけではないが、アメリカ海軍には大きな影響を与えている。ネイラーがコメントしているように、「ワイリーは軍関係者、特に海軍とその士官たちの考え方に、知性的な面で大きな影響を与えたという意見が多い」のだ。

一九八〇年代には、海軍内のリーダーと士官たちがアメリカ海軍の新しい海洋戦略を作り始めており、ワイリーの本は彼らの議論の中で重要な役割を果たしている。海洋戦略の詳細を作成していた何人かの士官たちはワイリーのアイディアに特に大きな影響を受けており、コントロール、累積戦略、そして順次戦略などの考え方を彼らの仕事に応用しようとしている。この中でも特に積極的な参加者だった海軍のピーター・スワーツ(Peter M. Swartz)大佐は、ワイリーが書いたある論文について「一九五〇年と六〇年代の最も著名な海軍の戦略家によるものであり、一世代後に書かれた海洋戦略と驚くほど似通った見解を持っている」と書いている(25)。

二十世紀の最後の十年間に近づくにつれて、アメリカ海軍は国家戦略とその中で海軍の果たす役割について、さらに一層注目するようになってきている。またこれと同時に、軍組織間の統合作戦や協力の重要性が再認識されるようになってきている。これらに関連性を持つワイリーの基本的な分析や総合戦略理論に関する主張は、創造的な考えを生み出す、明確で説得力のある主張であり続けているのだ。

註

（1）特に注意書きがなされているものを除けば、ここで記されているワイリー氏の思想遍歴は、一九七二年八月二十二日付けの海軍情報局のＪ・Ｃ・ワイリー少将の伝記概要や、ポール・スティルウェル氏によって一九八五年五月二一日から二十二日にかけて行われた米国海軍口述史局のもの、一九八五年の十一月二一日から一九八六年の二月五日までエヴェリン・シェルパ博士によって行われた海軍大学口述史第七巻にあるもの、そしてワイリー少将による情報などを元にしている。

（2）死亡広告記事　J. Caldwell Wylie, *the New York Times*, 16 January 1958, p. 29:4

（3）*The Lucky Bag of the Service: the Annual of the Regiment of Midshipmen* (U. S. Naval Academy: Annapolis, 1932), p. 248.

（4）"Harriette Bahney to Wed," *the New York Times*, 10 October 1937, sec. vi, p. 4:7; "Harriette Bahney Wed to Navy Man," *the New York Times*, 28 November 1937, sec. vi, p. S:1.

（5）E. B. Potter and C. W. Nimitz. eds., *Sea Power: A Naval History* (New York: Prentice Hall, 1960), p. 704.

（6）Eric Hammel, *Guadalcanal: Decision at Sea* (New York: Crown, 1988), p. 253.

（7）彼のアイディアをまとめたものは Donald G. White, "Admiral Richard L. Conolly: A Perspective on His Notions of Strategy," *Naval War College Review*, November 1971, pp. 73-79, 及び Oral History: Columbia University Oral History Program を参照のこと。

（8）Naval War College Archives, Records of the Course of Advanced Study: President, Naval War College, letter to Chief of Naval Operations, A3-1 serial 2354-51, 1 May 1951.

（9）*Loc. cit.*: J. C. Wylie, Memorandum [for the President, Naval War College], Subj: Chair of Military History, 2 April 1951.

(10) *Loc. cit.*: CNO to President, Naval War College, Op-03 serial 130P03, 3 July 1951; J. C. Wylie, Memorandum for Admiral Conolly, 1245, 5 July 1951.
(11) これについては本書のワイリーの「あとがき——二十年後」を参照のこと。
(12) 本書の後半にある「参考記事A」は、この論文の抜粋である。
(13) 「参考記事B」として本書の後半に再収録されている。
(14) J. C. Wylie, "The Calculation of Risk," Naval Institute, *Proceedings*, vol. 79, no. 7 (July 1953), p. 725.
(15) Naval War College Archives, Staff File: J. C. Wylie, Memorandum to the President [Naval War College], Subj: Conduct of the Course in Advanced Strategy and Sea Power, 9 June 1953.
(16) 同上。
(17) 「参考記事C」として本書の後半に収録済み。
(18) J. C. Wylie, "The Freshwater Cruise of USS Macon," U. S. Naval Institute, *Proceedings*, vol. 86, no. 4 (April 1960), p. 61.
(19) この一連の記事は後に一冊の本としてまとめられている。Sergei Gorshkov, *Red Star Rising at Sea* (Annapolis: Naval Institute Press, 1978). ワイリーのコメントはこの中のPart 9の一一〇〜一一一頁にある。
(20) K. G. Madison in *The Library journal*, vol. 92 (May 15, 1967), p. 1930, quoted in *Book Review Digest* 1967, p. 1430.
(21) *New York Times Book Review*, November 5, 1967, p. 62.
(22) Naval Historical Collection, Naval War College; Manuscript Collection 52, box 7, folder 15: Papers of H. E. Eccles, Enclosure to Henry E. Eccles letter to Wylie, 27 March 1967.
(23) 同上。
(24) "The Bookshelf: Flexible Strategy," *the Wall Street Journal*, 10 July 1968.
(25) "Addendum to 'Contemporary U. S. Naval Strategy: A Bibliography,'" p. 53, は一九八七年の四月に "Maritime Strategy Supplement," U. S. Naval Institute, *Proceedings*, January 1986の付録として収録されている。スワーツの果たした役割についてさらに詳細なものはJohn B. Hattendorf, "The Evolution of the

Maritime Strategy: 1977-1987," *Naval War College Review,* Summer 1988, pp. 7-28を参照のこと。

【新装版】訳者解説とあとがき

奥山 真司

本書は一九六七年にラトガーズ大学から一度出版され、後に米国海軍研究所から復刊されたJ・C・ワイリー（Joseph Caldwell Wylie: 1911-1993）元海軍少将の *The Military Strategy: A General Theory of Power Control*（一九八九年版）の完全日本語版である。

ごく一部の研究者を除けば、この本の価値を理解している人の数は少なく、正直なところ、世界的にもまだマイナーな部類に入ると言っても差し支えない。しかし欧米の戦略学の分野ではすでに時間を越えた古典的な価値を持っているという評価が年々高まりつつあり、今後ともその評価は衰えそうもない。本書を読んでいただければおわかりいただけると思うが、徹底的に無駄を省いた議論のみによって構成された本書には戦略研究（strategic studies）の理論のエッセンスが凝縮されており、純粋な理論書としての性格に加えて、この分野の入門書としても極めて優れた内容を持っている。

ワイリーについての大まかな略歴や本書が生まれるまでの経緯などについては、すでに海軍史家としても名高いハッテンドーフ教授による本書の「イントロダクション」で解説されているので、くわしくお知りになりたい方はそちらを参考にしていただきたい。あえてここで付け加えておくべきなのは、ワイリーは一九九三年にすでに故人となっており、また参考記事Aの「太平洋戦線を振り返って」の完全版では、日本が参戦を決定するに至るまでの政策決定の経緯をかなりくわしく分析しているという点だ。

また、ここであえて強調されておくべき点は、ワイリーが日露戦争の英雄である東郷平八郎元帥の葬儀のパレードに参加するために横浜に立ち寄ったことや、ソロモン諸島や硫黄島の戦いなどで日本軍と戦火を交えているエピソードなど、彼の思想形成に日本が間接的に果たした役割が多く、そういう意味でわが国と奇妙な因縁で結ばれていたことだ。これは米国海軍のもう一人の思想的巨人であるアルフレッド・セイヤー・マハン（Alfred Thayer Mahan）が日露戦争前から昭和の大戦期まで日本と意外に密接な関係を持っていたことと似ていて、非常に興味深いものがある。

本稿では蛇足ながら、主に本書の構成や、ワイリーの理論のくわしい内容、そしてこれが欧米の戦略研究の分野にどういった影響を与えているのかなど、これら三つの項目に的を絞って簡潔に解説を行っていく。

本書の内容構成

まず読み始めて誰でも気がつくのが、本書が戦略の理論書として短い割には驚くほど内容の詰まった本であるということだ。参考までに原書の本文の分量であるが、目次を含めてもたったの九五頁（！）しかなく、日本で一般的な「新書」と呼ばれるジャンルの本よりも薄い。しかし分量の少なさにも関わらず、内容はとても深く、この点においては東洋の代表的な戦略書である、孫子の『兵法』に通じた性格を持っている。

本書全体を通じてのテーマは極めて明快であり、一言でいえば「すべてを統一する総合戦略とは何か？」ということに尽きる。もちろんここでいう「総合戦略」というのは、ワイリーの中では軍事だけに限るものではなく、「その他のあらゆる分野にも適用できるような戦略」という意味と期待が込められていることは言うまでもない。ワイリーは人類史で最も古くから存在しているのにも関わらず、最も発展が遅れているこの「戦略」というものの理論的発展を、まずは自分の専門分野である軍事戦略の既存の理論の解説から始め、これを踏み台にしてそれを越えた総合戦略を自分なりに編み出し、この難解で知的な活動を一歩前進させようとしているのだ。

ワイリーの議論はこの種のジャンルの他の本と比べてもかなり明確なほうであり、一部の章を除けばほとんどの章はごく短いものばかりで、ここであえて解説をしていく必要もないほどである。しかしくどいようだが、ここでは念のために本文の各章ごとに簡単な内容説明をしていく。

第一章では、まず「戦争」という形で人類社会に大きなインパクトを及ぼすものであるにもかかわらず、それに対処するための「戦略」というものが今まで真剣に学者たちによって綿密に研究されてこなかったことを指摘している。また、本書で明確にしておきたい三つの点として、①「戦略」（ストラテジー）の話をしているのであって、「戦術」（タクティクス）の話をしているのではないこと、②戦略は公共のものであること、そして③戦略は科学（サイエンス）ではないし、そもそも科学にはなり得ない、ということを指摘している。

第二章では、最初にワイリーの考える「戦略」の定義が提唱され、それから戦略を考える際には一般的な道徳概念（「善い」「悪い」）という価値判断が適用されないものであること、そして戦略を分析する方法（メソッド）には主に二つのやりかた（実行されているパターンから分析するもの／理論などを元にするもの）があることが指摘されている。特に道徳と戦略の関係は戦略研究の議論を行う上で絶対に避けることのできない問題であり、これについても丸々一冊本が書けてしまうほど重大なテーマだが、ワイリーは戦略家としての立場から、あえて道徳的な判断から戦略を考えてはいけないとして議論を進めている。

第三章では、このパターンからの分析法の具体例として、「累積戦略」と「順次戦略」という二つの戦略のパターンをそれぞれ解説している。ワイリーはこの二つの戦略パターンの分類を、海軍理論家としても名高いドイツ出身の海軍戦略理論家、ハーバート・ロジンスキー（Herbert Rosinski）との対話から発展させているのだが、特にこの累積戦略というは現代のテロ戦争などの分析などにも使える可能性があり、極めて利用価値の高いものであると言ってよい。また、これを説明するためのわかりやすい例として、日本に対する潜水艦戦の例が使われているのも注目だ。

第四章では一転して、今までは戦略を生み出す際に軍人の直観だけに頼りすぎていたことを批判しつつ、二つ目の分析法として、理論面から戦略を分析することを提唱している。本来ならば学者こそが戦略研究を行わなければならないのであり、これは現役の軍人だけの仕事ではないことを強調している。

第五章は、ある意味で本書のクライマックスである。ワイリーは現代まで知られている既存の戦略の理論というものを、それぞれの地理（陸／海／空）ごとに区別されたものが三つ、そしてそれに毛沢東のゲリラ戦の理論を加えて、全部で四つあることを指摘している。それぞれの理論の解説で、ワイリーはそれらの本質をえぐり出すような鋭い指摘をいくつも行ったり、それぞれの問題点を簡潔に分析したりしているのだが、とくに圧巻は、航空戦略で指摘される「破壊」と「コントロール」の関係や、累積戦略とゲリラ戦理論との密接な関連性を説いている部分であろう。

第六章では、この三つの西洋理論（陸・海・空）があまりにも軍事面だけの考察に偏りすぎていることを指摘し、理論的にも限界があることを示している。それを越えた可能性のあるものとしてリデルハートの「間接アプローチ」が紹介されており、その理論の普遍性を高く評価しているのは興味深いところだ。しかしこのような普遍性を持つことからリデルハートの理論は「総合戦略」に近いものであることを認めつつも、ワイリーはそのコンセプトが明確な形を持たないあやふやな部分が多く、限界があるとして、やはり自ら新しい総合戦略理論を作り上げる必要があることをあらためて宣言している。

第七章では、いよいよワイリーの考える、いつ・どこで・どのような状況でも適用できるような、戦略の「総合理論」(a general theory) が示されることになる。彼はこれを四つの「想定／仮定／前提条件」(assumptions) というものから構成されるものであるとし、それぞれを順々にくわしく説明している。この中でも特に我々が注目しなければならないのは、「戦争の目的は敵をコントロールすることにある」という二番目の想定と、「戦争の結果を最終的に決定するのは戦場に銃を持って立つ兵士だ」という第四番目の想定であろう。

第八章では、前章で示された総合理論に加えて「戦争パターン」と「重心を操作する」ことの重要性を、歴史的な例を使って説明している。具体的な史実を理論の裏づけとしてここまで集中して使われているのは、本書の中でもこの章だけであるといってよい。

第九章では、戦略理論を実際に当てはめる時の注意事項として、三つの教訓があることをうまく提示している。簡潔に言えば、この三つとは「現実がある理論の想定にあっていれば、その理論は使える」、「コントロールを達成するためには最終的には人間の主観的な判断に頼らざるを得ない」、「あくまでも現場に沿った戦略（と思想）を」ということだ。ここで特に興味深いのは、ワイリーが本書を執筆していた当時のアメリカが軍事的に実際に直面していた問題に答えを出すような形で書いているにもかかわらず、それが現在でも充分に使えるような教訓となっているということだ。戦略的な問題の核心というものは、時代を越えた普遍的なものであることがよくわかる。

第十章は本書の結論であり、基本的に全章の議論のまとめをしているのだが、注目すべきは

「軍事というものは、それ単独で考えられないほど社会全体の権力構造の中に織り込まれているものだ」として、狭い分野だけに限って議論をしてしまう危険性について注意を促している点だ。そしてその最後に、本書で掲示された新しい理論を叩き台にして活発な議論を行って欲しいとして、後に続く研究者たちへの道筋を示して議論を締めくくっている。

ワイリーの理論

それではワイリーの「戦略の総合理論」について、より詳しく説明していくことにしよう。

まずここで最初に注意していただきたいのは、「戦略」(strategy) という言葉の意味についてである。ワイリーも本書の中で全般的に戦略関連のボキャブラリーが圧倒的に不足していることを何度も嘆いているのだが、「戦略研究」という研究分野がそもそも根付いていない日本にとっては、この「戦略」という言葉の概念からしっかり捉えなおす必要がある。

まずこの「戦略」という言葉だが、ワイリーも指摘しているように「戦術＝敵との戦闘(バトル)に勝つために必要なプラン」とは明確に区別しておく必要がある。戦略とは、もっとレベル、もしくは規模の大きいところでの「勝利」、つまりは「戦争で最終的に勝つためのアイディア」という意味のほうが正しい。このような区別は十九世紀のクラウゼヴィッツ以降に明確になってきたのだが、現代ではエドワード・ルトワック (Edward N. Luttwak) ＊1やコリン・グレイ (Colin S.Gray) ＊2などがこれを細分化して、次頁の図のような階層的なイメージがあることを紹介している。

　余談ながら、東洋にもこのような階層的な観点から物事を考えるというやり方があり、いわゆる四書五経の中の『大学』の「格物・到知・誠意・正心・修身・斉家・治国・平天下」という八条目は、物事をタテの軸のつながりで捉えているものだ。

図1：戦略の階層

世界観（Vision）
↓
国家政策（Policy）
↓
大戦略（Grand Strategy）
↓
軍事戦略（Military Strategy）
↓
作戦（Operation）
↓
戦術（Tactics）
↓
技術（Technique）

　欧米の国際関係論ではケネス・ウォルツが不朽の名著『人間・国家・戦争』（一九五九年）＊3の中で、国際システムを国際、国内、人間の本性の三層の「レベル」（ウォルツはこれを「イメージ」と言っている）で考えることを提案しているが、この戦略の階層の考えと同じように、階層のヨコの軸を中心に分析することを提案している。

　話は戻るが、ここで問題なのは、日本ではこの「戦略」という言葉が「戦術」と混同されて使われている例が多く、特に軍事マニアやさらにはプロの軍事研究家などのコメント等でも時おり目にすることがあり、混乱が続いていることを物語っている。ワイリーが本書で示しているのも、「**戦争**に勝つための理論」なのであって、決して「**戦闘**に勝つための理論」ではないことは、何度強調してもし足りないほどだ。

　これがよくわかるのが、軍事組織ごとにそれぞれ「戦争の勝利の理論」があるとして、陸上、海洋、航空、そしてゲリラという理論ごとに区別して分析するワイリーのやり方である。軍事組織というものは、陸軍、海軍、空軍のように地理的環境の担当ごとにそれぞれ組織が構成されているのだが、この分類をそれぞれの軍事力に当てはめてみると、「ランドパワー／陸軍」、「シーパワー／海軍」、「エアパワー&スペースパワー／空軍」というように捉えることができる。そしてここでいう「戦略理論」とは、それぞれの軍事組織の人間たち（兵士、水兵、飛行機乗り）が自分たちの単独組織の力で戦争に勝つための理論、ということになる。これをそれぞれ分類区別すると、ワイリーの考えでは四つの理論があることになる。ちなみにジョン・コリンズは、これがそれぞれ六つあるとしている。＊4。

図２：軍事力と戦略理論

ワイリーの分類

陸軍	大陸理論：クラウゼヴィッツ
海軍	海洋理論：マハン、コーベット
空軍	航空理論：ドゥーエ
ゲリラ	毛沢東の理論：毛沢東、ゲバラ、ザップ

コリンズの分類

陸軍	大陸学派：クラウゼヴィッツ
海軍	海洋学派：マハン
空軍	航空学派：ドゥーエ、セヴァルスキー
宇宙	宇宙学派：スタイン（マッキンダー）他
特殊部隊	特殊部隊学派：ショーメイカー他
統合作戦	統合学派：ワイリー、ルトワック他

もちろん現実的にこのように単独の軍事組織だけで戦争に勝てるという状況はありえるはずがなく、すべての戦争や紛争というものは軍事組織の複合的な協力、つまりアメリカ的な言葉でいえば「統合」(joint)という形をとることがほとんどであり、実際にも近年の

米軍の再編などを見れば明らかなように、統合作戦を念頭においた陸海空の指揮系統を統一していく流れになっており、これは米軍に限らず、第二次世界大戦後からの世界的な傾向であるともいえよう。もちろんワイリーもこの軍の統合化をかなり早い時期から推進した人間の一人として米軍内では有名なのだが、本書では新たに「総合戦略」を編み出すためには、まずそれぞれの軍事組織が持つ戦略理論ごとに区別して考えることが重要であるとして、わざわざこのような作業を行っているのだ。

ワイリーの理論の中で次に注目すべきなのは、「累積戦略」と「順次戦略」という二つの戦略の概念である。これはワイリー自身が海軍理論家として有名なロジンスキーと話をしている時に教えられた概念だと本書の中でも何度か指摘されているのだが、この二つの捉え方は非常に有用なコンセプトである。たとえばこれが戦争の勝利ではなく事業の発展の場合として考えた場合、まず会社を起こして、それからある程度の儲けが出るようになったら支店や子会社を作って……というのは順次戦略である。この見方だと、自分の会社の発展が客観的にどの時点まで行っているのか、その進行状況というものが目に見えやすいし、それが具体的なデータ（顧客数、売り上げ利益、会社の規模など）としても捉えやすい。

しかしその反対に、累積戦略というものはお互いにはまったく関連性のない個別の戦いの積み重ねで、ある段階になると一気に効果を発揮するようになるものであり、しかもそれが外部からはどの程度進行しているものなのかが見えにくいという特徴を持っている。

これはいわゆる「会社の信頼」というものが形成される過程とよく似ている。たとえばある会社のブランドというものが形成される時、その商品や客との信頼関係というものは、顧客との間で日々行われる個別の接触での成功（勝利）によって信頼が徐々に獲得されて蓄積され、ある程度になるとそれが力を発揮する（ブランドとして認められるようになる）ということが多いのだが、問題はこれがどのタイミングで力を発揮するようになるのかが、順次戦略のようにデータとして目に見える形で外部から捉えるのが難しいという点だ。ある一定の信頼が形成されてくると、一気に消費者たちなどの間で「あの会社の商品は素晴らしい」という神話が生まれ、それがブランド形成などにつながるのだが、それがどの程度の経営者側の努力によって達成されるのかは、実は非常にわかりづらい。ワイリーはこの累積戦略を説明する際にアメリカの対日戦争における潜水艦をつかった日本の商船や補給船に対する攻撃をたとえに使っているが、ここでもアメリカ側・日本側とも、どの程度の攻撃の成功が戦争全体の結末に影響を与えることになったのかを完全に理解できていはいなかったと興味深い指摘をしている。また、これは現在のアメリカが直面しているテロとの戦いの他、経済戦、もしくは心理・宣伝戦などでも使える考え方であり、テクノロジーや情報技術が発展することによって、ワイリーはこの効果が一気にあらわれてくる臨界点を予測することがますます可能になってくるであろうという楽観的な見かたをしている。

この他にも注目すべきなのは、すでに述べたような「戦争の目的は敵をある程度コントロールすることにある」というものであろう。このコントロール（control）という概念は、原著の副題（A General Theory of Power Control）にも採用されているように、本書では特に強調されている、ワイリーの戦略における中心的なアイディアである。

ワイリーの分析の中でも特に鋭いのは、アメリカではとくに戦略の狙いというものが、敵の「破壊」(destruction)というものと混同視されているという指摘だ。つまりこれは相手を破壊すれば戦争に勝てるという単純な考えが米軍内部には存在しているということにつながるのだが、これはマッカーサーが言った「(軍事的)勝利に勝るものはない」(There is no substitute for victory)という言葉や、ベトナム戦争で勝つ方法を問われたウェストモーランド将軍が言ったとされる「ベトコンに勝つためにはさらなる火力(fire power)だけが必要だ」というコメントからもうかがい知れよう。また、冷戦初期の「大量報復」(massive retaliation)などのように、核兵器という強力な破壊力の恐怖によって生み出される抑止効果を狙った核戦略などは、この「破壊」と「コントロール」を混同視した最も典型的な例であろう。

しかし戦略が本当に目標としなければならないのは「敵をコントロールする」ということである。クラウゼヴィッツ的に言えば、これは「敵の意志を屈服させる」ということに他ならない。なぜならこれができないと戦争に最終的に勝つことができないからだ。戦争で勝つには、確かに敵(兵)を破壊によって殺すという行為が一つの「必要条件」となるのかも知れないが、ただ闇雲(やみくも)に相手を破壊して殺傷するという行為は、それが戦争の最終目的である相手に対するコントロールの確立ということに直接つながる「十分条件」とはなりえないのだ。

冷戦時代だけでなく、冷戦後の現在のアメリカの対テロ戦争でも、このコントロールと破壊に関する議論はますます重要性を持ったテーマになってきつつあることは疑いのない事実だ。

これは米軍がイラクのファルージャのような場所で行った軍事掃討作戦での大規模な破壊行為によってもイラク全体で起こるテロ事件の発生を抑えることができなかった（つまり敵をコントロールして〔テロとの〕戦争に勝利できなかった）ことからもよくわかる。戦争とは、敵を殺すために行うのではなく、あくまでも最終的に敵をコントロールすることにその目的の全てがあるからだ。破壊によって敵兵を殺すのはあくまでも戦争の一手段であり、その目指すべき最終目的ではない。過去に欧米で議論されていた「戦争以外の軍事行動」（MOOTW）という概念は、まさにこの軍隊を使って敵をコントロールすることの重要さが再認識されていたことと密接な関係を持っている。

その次に重要なのは、「戦争を最終的に決定するのは、現場に立って銃を持った兵士」というワイリーの総合理論の第四番目の想定であろう。これは軍事戦略に限らず、やはり普遍的にどのような分野でも応用できるものだ。仕事でも人間関係でも、最も大切なのは現場、つまり消費者や顧客や仕事仲間などと接する場（戦争で言えば戦場や前線における兵士の働き）なのであり、究極的にはこの接点の部分が全体の流れを決定しているというのだ。ワイリーは航空理論の想定や、第二次世界大戦におけるアメリカが陸軍をほとんど使わずに日本を打ち負かした例がこの想定の反証となる可能性を認識しながらも、あくまでも敵に対する最終的なコントロールというのは、味方の兵士のプレゼンス、もしくはそのプレゼンスが不可避な状況が敵側の心理に影響を与えることによって実現されるということを鮮やかに指摘している。このような陸軍（地上兵力）の重要性はシカゴ大学のジョン・ミアシャイマー（John J. Mearsheimer）

によっても同様に注目されて、国際関係論の理論の基礎として論じられている*5。

最後に、ワイリーの「総合理論」のエッセンスを一言でいえば、それは「フレキシブルでいけ！」ということになる。これをことわざ的に言えば「備えあれば憂いなし」、また孫子の『兵法』にもあるように「兵形は水に象り、……無形に至り、無声に至る」ということに近い。こういう点では、彼の考え方は最終的には老子的とでも言うような、どちらかといえば東洋思想で強調される水の柔軟性をイメージした結論に至っているのだが、これはワイリーがイギリスの戦略家であるリデルハートを高く評価している点からも当然といえるだろう。

リデルハートは孫子の『兵法』から極めて大きな影響を受けており、リデルハートを高く評価するワイリーも、間接的に戦略の東洋思想的な部分に影響を受けざるを得ない状況になっている。ただしワイリーはリデルハートの理論（間接アプローチ）の無形的でとらえどころのない部分を批判しており、戦略という水もの的なものを扱っているにもかかわらず、強固な基盤に立つ原理・原則や法則を求めたいという気持ちから、あえて具体的な「四つの想定」を提案している。しかしこの「四つの想定」も、いわば水もの的で無形的な部分があり、リデルハートを批判したのもかかわらず、ワイリー自身の至った結論もそれと似通ったものになっているというのは、やや皮肉な結果と言えるかもしれない。とにかくワイリーは、リデルハートのこの「間接アプローチ」と自身の総合戦略とは矛盾するものではなく、むしろこれを含んだものでなければならないことを認めており、この二つの理論は思ったよりも近い関係にあることがわかる。

結局これらの議論からわかるのは、戦略というのはとても難しいものであるという単純な事実であり、サイエンス（科学）というよりはむしろアート（芸術・技術）であるということだ。欧米でも戦略はサイエンスなのかアートなのかという議論はクラウゼヴィッツの登場以来続けられており、ワイリーはあえて科学的なアプローチでこの戦略（戦争）というものを解明しようとする、歴史上でも数少ない試みを行っている。

軍事の天才であったナポレオンは「一旦交戦すれば、ものごとは見えてくる」(*on sengage et puis on voit*) や、「戦争の高い部門の知識は、経験と、戦争史および偉大な将軍たちの戦闘史の研究とによってしか得られない」と言ったとされているが、現象を複雑なものとして捉え、それを複雑なまま理解しようとする経験第一主義で戦略というものを雰囲気的に「アートである」と理解している日本人にとってはこの言葉は比較的受け入れやすいものかもしれない。それでも我々の頭の中をスッキリと整理するためには、ワイリーのように論理的に考え、そこからある種の法則のようなものを導き出して捉えなおそうとする作業は、どの分野にも関わらず、「戦略」というものを活用していこうとする場合には極めて有益で見習うべきことといえるだろう。

ワイリーはこのような自身の理論というものを、単に過去に大量に読んだ文献の中から単純に導き出したというわけではなく、あくまでも実際に戦闘に参加したり、実際に船を操ったりする現場から得た体験とあわせて複合的に理論化したのだ。参考記事などを読んでみるとわかるのだが、ワイリーのアイディアというのはかなり時間をかけて蒸留されたエッセンスの凝縮されたものであることがよくわかる。つまり学者的な文献からのみのアイディアに頼る方法ではなく、かといって軍人特有の体験のみによるものだけではなく、比較的バランスのとれた形で長い時間をかけて自身の理論を導き出しているのだ。これは同じような実戦経験がありながらも、著作する時間を十分にとることができたリデルハートやマイケル・ハワード（Michael Howard）のような歴代の戦略研究家と比べると、やや異質である。つまりワイリーは書くというノルマに常に直面することはなく、クラウゼヴィッツのように実戦などに従事する間に時間を越えた戦争や戦略の本質というものをじっくり考えることができたことで、他の思想家たちとは違った独自の実践的な思想を形成することができたと言えよう。

本書が与えた影響

本書が戦略研究の分野に与えた影響についてであるが、すでに本書でも何度か指摘されているように、孫子やリデルハートなどのものと比べても比較的マイナーな本であることは否めない。しかし有名ではないからと言って、それが価値の低いものであるということにはならない。一旦目を通せばすぐに理解できるように、本書は孫子の『兵法』の現代版（しかも西洋版）とでも言えるような、すぐれて高いレベルの内容を持つものだ。

たとえば現代の戦略家として名高いコリン・グレイは、戦略の総合理論を提出した人物として、クラウゼヴィッツ以下の七名の人物の名前を挙げている。参考までにこれらをトップから順に紹介すると、J・C・ワイリー、エドワード・ルトワック、バーナード・ブロディ(Bernard Brodie)、B・H・リデルハート、ラウル・カステックス(Raoul Castex)、そしてその一段下がったところに、レジナルド・クスタンス(Reginald Custance)、ジョン・ボイド(John Boyd)、毛沢東という順番となる。ワイリーにはクラウゼヴィッツほどの独創性は見られないが、それでもその総合戦略をあえて提出したという偉業と、それまでの理論のエッセンスを簡潔かつ見事にまとめ上げて説明した功績をグレイは高く評価しており、リデルハートやルトワックなど、一般的にはワイリーよりもはるかに名が知られている戦略思想家達よりもワイリーの方が上であるとして、クラウゼヴィッツの後継者としての資格は大いにあるとしている。グレイはワイリーが書いた本書を「過去一〇〇年間以上現れたことのない、戦争と戦略の総合理論について最高のもの」*6と述べているが、本書をじっくり読み込んでみれば、たしかにこれを過大評価であると一蹴することはできない。

またアメリカでは一般的には知られていないのだが、ワイリーが米国海軍に与えた影響も、地味ながら実はかなり大きいものがある。これは米国軍内の海軍主導で進んできたネットワーク中心の戦い(NCW: the Network Centric Warfare)という近年の軍事革命(RMA)に関する原始的な概念を、すでにワイリーが太平洋戦線で身をもって実践していたことや、その後の海軍大学の教育プログラム、とくに統合作戦の運用などに関して明確な方向性を与えたことなどであり、これはハッテンドーフの解説によっても深くうかがい知ることができる。

ワイリー自身の古巣である米海軍大学でも彼の業績は認識されており、たとえば中国海軍の研究で近年積極的に意見を発信しているジェームズ・ホームズ海軍大学教授は「J・C・ワイリー海洋戦略記念教授」となっている。

また、ワイリーの理論は最近の米軍士官の教育用の教科書としての価値も上がっており、たとえば陸軍大学で使われている教科書*7には、本書からのアイディアや引用などが多用されるようになっている。英語圏での軍事関係の知識人の間でもその教育的な価値は認められており、たとえば本書が豪州海軍のための必読書リスト*8にその名を連ねていることからも、その重要性がうかがい知れよう。その他にも、近年の戦略学関連の数々の論文でも本書からの引用が徐々に増え始めている*9ことから、ワイリーが欧米の戦略学の分野で再発見されつつあることは否定できない。

訳文等について

本書で使われているワイリーの原文の文章だが、この種の理論系のものの中でも、どちらかといえば明確かつシンプルに書かれているものだ。しかしそこで扱われている概念はどうしても哲学的で奥深いものであるため、いくら単純に言い表されていると言っても、ある言葉の中に思ったより多くの意味が込められている場合などがあり、訳す場合にはかなりの注意を要する部分があった。

本書はこれから戦略研究の古典となっていく過程にある極めて価値の高い本であり、私はこの翻訳作業に携われたことを誇りに思っているが、それと同時に訳者としての重い責任も感じている。訳文に関しても限られた短い時間の中で自分なりにベストを尽くしたつもりだが、この翻訳が完全なものであると思っておらず、意味や用語などの思わぬ誤りなどは避けられそうにない。よって、読者諸氏の積極的な批判や御叱正がぜひとも必要である。ぜひ貴重なご指摘を謙虚に承って、後日さらに本書をよりよいものにしたいと考えている。ご意見等のあるかたは、芙蓉書房出版の編集部か、訳者の以下のｅメールアドレス（masa.the.man@gmail.com）までお気軽にご連絡いただければ幸いである。

日本では本書のような「戦略研究」（ストラテジック・スタディーズ）というのはまだまだマイナーな学問分野であることは否定できない事実だが、個人的にはこのような優れた入門書としての性格を持つこの本によって、我々は欧米の戦略論のエッセンスを学ぶことができ、これが最終的に日本における戦略研究の健全な発展に貢献できるものと確信している。また、読者諸氏には本書を戦争研究以外の分野、たとえばビジネス経営や人間関係、または恋愛（！）などの分野においても広く活用していただきたいところだ。実はこれは別に冗談でも何でもなくて、欧米の有名な戦略家たちも「戦略理論は恋愛に活用できる」と真面目に論じているものがいくつかある＊10。また、欧米では戦略論がビジネス等に活用できることはここであえて論ずる必要がないくらい当たり前のことになっている。ワイリーが本書で狙っていたのはあらゆる分野のジャンルを越えた「総合戦略」なのであり、この理論の価値は戦争や戦略の研究だけに限定されてしまうにはあまりにも惜しい。

本書は一つの戦略理論の完成形というわけではなく、ワイリーが本文の最後でも述べているように、戦略理論のたたき台というか、一つの試案としての性格を持つものであり、これを一つのインスピレーションとして独自の戦略理論を考えて議論していくことを強く促している。戦略の理論というのは活用されてこそ意味があるものであり、読者諸氏にはワイリーの理論を一つの参考としつつ、これを戦争や軍事などを考える際だけに留まらず、人生の様々な場面に積極的に活用して行って欲しい。

謝辞

最後にここで本書を翻訳する際にお世話になった数名の方々の名前を記して謝辞としておきたい。ヘザー・スミス（Heather Smith）女史には、ワイリーの原文のやや哲学的で難解な部分などをとてもわかりやすく解説してもらって大変お世話になった。もちろん原文の読み違えなどの責任はすべて訳者である私にあることは言うまでもない。また、ラシッド・ウズ・ザマン（Rashed Uz Zaman）氏には、私に最初に本書を読むきっかけを与えてくれたということで、とても感謝している。一緒にお互いの母国語で本書の翻訳版を出そうと約束したデレク・ユエン（Derek Yuen）氏には、戦略論についていくつか貴重なアドバイスをいただいた。他にも、同じコースに属した友人であるジュンヒョン・チョイ（Jounghyun Choi）、トン・チェン（Tong Chen）の二人には、ワイリーについていくつかの重要な意見をいただいた。そして喫

茶店の **BB's** の皆さんには、私が翻訳作業中に紅茶一杯で長居していたことを辛抱強く我慢してくれて、とても感謝している。

もう亡くなってしまったが、現代戦略研究の泰斗であるコリン・グレイ教授には、戦略研究の奥深さとワイリー本の素晴らしさを教えていただき、ワイリーの日本語版の翻訳を強く勧めてくれたことをありがたく思っている。若き日にワイリーの遺族に会いに行った話など、実に示唆に富むエピソードを紹介してくれたのが良い思い出だ。

そして最後に、芙蓉書房出版の平澤公裕社長には本書の翻訳出版という唐突な申し出をこころよく引き受けてくれて、本当に頭が上がらない。欧米でもマイナーな本であるために、本書の価値はなかなか理解してもらえないところがあるのだが、これを意義のある仕事として素早い決断で翻訳の出版を決定していただいたことについて深く感謝している。

二〇二〇年六月一五日

註

＊1 Edward N.Luttwak, *Strategy: The Logic of War and Peace*, 2nd ed.,（Harvard University Press: Cambridge, Mass.）, 2002. 邦訳はエドワード・ルトワック著『エドワード・ルトワックの戦略論』（毎日新聞社出版刊：二〇一四年）

＊2 Colin S.Gray, *War, Peace, and Victory*,（Simon & Schuster: NY）, 1991

＊3 Kenneth N.Waltz, *Man, the State, and War: A Theoretical Analysis*,（Columbia University

Press: NY),1959. 邦訳はケネス・ウォルツ著『人間・国家・戦争：国際政治の3つのイメージ』（勁草書房刊：二〇一三年）

＊John M.Collins, *Military Strategy: Principles, Practices and Historical Perspectives*, (Potomac Books: NY), 2001, pp.61-62.

＊5 John J.Mearsheimer, *Tragedy of Great Power Politics*, (W.W. Norton: NY), 2001.Ch.4.邦訳はジョン・ミアシャイマー著『大国政治の悲劇』（五月書房新社刊：二〇一七年）の第四章を参照。

＊6 Colin S.Gray, *Modern Strategy*, (Oxford University Press: London), 1999, p.87. 邦訳はコリン・グレイ著『現代の戦略』（中央公論新社刊：二〇一五年）一四一頁。

＊7 Colonel (Ret) J.Boone Bartholomees, Jr. (ed), *U.S. Army War College Guide to National Security Policy and Strategy*, 2nd Edition, (the Strategic Studies Institute: Carlisle, PA), 2006.

＊8 The RAN Reading List, http://www.navy.gov.au/spc/readinglist/reading_list.pdf (15th Jan. 2007)

＊9 一例としては John Baylis et.al, *Strategy in the Contemporary World: An Introduction to Strategic Studies*, 6th ed., (Oxford University Press: London), 2018.の参考文献の項などを参照。

＊10 たとえば Bernard Brodie, *Strategy in the Missile Age*, (Princeton University Press: NJ),1965, p.26. では戦略論が女性攻略の参考になることを述べている。

や・ら・わ　行

な　行

は　行

ま　行

た　行

さ　行

索　引

数字は本文頁数、nは註を示す

あ　行

か　行

Translated by Masashi Okuyama
Published in Japan by
Fuyo Shobo Shuppan Co.,Ltd.

著者略歴

J. C. ワイリー（Joseph Caldwell Wylie）

1911年生まれ。米国海軍の元少将。1972年に退役。マハン、ルース以来の現役軍人としての戦略思想家。第二次世界大戦の太平洋戦線では、ガダルカナルの諸海戦や硫黄島戦で最新のレーダーを駆使して日本海軍と対峙。戦後は陸海空の指揮系統を統一して相互の協力関係を進める統合作戦の推進者として有名になる。本書の他にも数多くの論文を専門誌に発表しており、米国軍内、特に海軍の士官教育や現代の軍事革命（RMA）の議論における思想的影響は大きい。1993年没。

訳者略歴

奥山真司（おくやま　まさし）

1972年生まれ。地政学・戦略学者。戦略学Ph.D. 国際地政学研究所上席研究員、戦略研究学会常任理事、日本クラウゼヴィッツ学会理事。カナダ、ブリティッシュ・コロンビア大学卒業後、英国レディング大学大学院で戦略学の第一人者コリン・グレイ博士に師事。著書に『地政学』（五月書房）、最近の訳書に『目に見えぬ侵略』（C・ハミルトン著、飛鳥新社）、『ルトワックの日本改造論』（E・ルトワック著、飛鳥新社）、『大国政治の悲劇』（J・ミアシャイマー著、五月書房）、『現代の軍事戦略入門』（E・スローン著、芙蓉書房出版）、『戦略の未来』（C・グレイ著、勁草書房）、『ルトワックの“クーデター入門”』（E・ルトワック著、芙蓉書房出版）、『真説孫子』（D・ユアン著、中央公論新社）などがある。

戦略論の原点〈新装版〉
（せんりゃくろん　げんてん）

——軍事戦略入門——

2020年7月25日　第1刷発行

著　者

J.C.ワイリー

訳　者

奥山　真司（おくやま　まさし）

発行所

㈱芙蓉書房出版

（代表　平澤公裕）

〒113-0033東京都文京区本郷3-3-13

TEL 03-3813-4466　FAX 03-3813-4615

http://www.fuyoshobo.co.jp

印刷・製本／モリモト印刷　　ISBN978-4-8295-0794-0